新农村建设丛书

肉鸡生产技术

金香淑　张云影　主编

吉林出版集团股份有限公司
吉林科学技术出版社

图书在版编目（CIP）数据

肉鸡生产技术/金香淑主编.
—长春：吉林出版集团股份有限公司，2007.11
（新农村建设丛书）
ISBN 978-7-80720-871-6

Ⅰ.肉… Ⅱ.金… Ⅲ.肉用鸡－饲养管理 Ⅳ.S831.4

中国版本图书馆CIP数据核字（2007）第163929号

肉鸡生产技术
ROUJI SHENGCHAN JISHU

主编 金香淑 张云影	
责任编辑 赵黎黎	
出版发行 吉林出版集团股份有限公司 吉林科学技术出版社	
印刷 三河市祥宏印务有限公司	
2007年12月第1版	2019年3月第13次印刷
开本 850×1168mm 1/32	印张 4 字数 96千
ISBN 978-7-80720-871-6	定价 16.00元
社址 长春市人民大街4646号	邮编 130021
电话 0431－85661172	传真 0431－85618721
电子邮箱 xnc408@163.com	
版权所有 翻印必究	
如有印装质量问题，可寄本社退换	

《新农村建设丛书》编委会

主　　任　韩长赋
副 主 任　荀凤栖　陈晓光
委　　员　王守臣　车秀兰　冯晓波　冯　巍
　　　　　申奉澈　任凤霞　孙文杰　朱克民
　　　　　朱　彤　朴昌旭　闫　平　闫玉清
　　　　　吴文昌　宋亚峰　张永田　张伟汉
　　　　　李元才　李守田　李耀民　杨福合
　　　　　周殿富　岳德荣　林　君　苑大光
　　　　　胡宪武　侯明山　闻国志　徐安凯
　　　　　栾立明　秦贵信　贾　涛　高香兰
　　　　　崔永刚　葛会清　谢文明　韩文瑜
　　　　　靳锋云

肉鸡生产技术

主　编	金香淑	张云影		
副主编	刘　臣	刘革新	于秀芳	
编　者	于　维	于秀芳	方　静	牛春华
	王宏伟	刘　臣	刘革新	刘基伟
	吕礼良	祁宏伟	时淑清	金香淑
	赵岭乐	郭凤志	高　磊	曹　阳
	董　岩			

出版说明

《新农村建设丛书》是一套针对"农家书屋""阳光工程""春风工程"专门编写的丛书，是吉林出版集团组织多家科研院所及千余位农业专家和涉农学科学者倾力打造的精品工程。

丛书内容编写突出科学性、实用性和通俗性，开本、装帧、定价强调适合农村特点，做到让农民买得起，看得懂，用得上。希望本书能够成为一套社会主义新农村建设的指导用书，成为一套指导农民增产增收、脱贫致富、提高自身文化素质、更新观念的学习资料，成为农民的良师益友。

目 录

第一章 概述 …………………………………………… 1
  第一节 国内外肉鸡发展现状及前景 ………………… 1
  第二节 生产安全肉鸡要遵循的原则 ………………… 3
  第三节 肉鸡生产存在的问题 ………………………… 5
第二章 肉鸡的品种 …………………………………… 9
  第一节 国内肉鸡品种 ………………………………… 9
  第二节 国外肉鸡品种 ………………………………… 14
第三章 肉鸡的营养与饲料 …………………………… 17
  第一节 肉鸡常用饲料及营养价值 …………………… 17
  第二节 肉鸡的营养与需要 …………………………… 32
  第三节 肉鸡饲料的科学配制方法 …………………… 38
  第四节 饲料配合技术 ………………………………… 42
第四章 肉鸡的饲养 …………………………………… 44
  第一节 雏鸡的生理特征 ……………………………… 44
  第二节 育雏前的准备 ………………………………… 46
  第三节 育雏的方式 …………………………………… 51
  第四节 肉种鸡饲养管理 ……………………………… 53
  第五节 商品肉鸡的饲养管理技术 …………………… 73
  第六节 生物安全及绿色环保生产 …………………… 76
第五章 肉鸡场建设 …………………………………… 82
  第一节 场址的选择及布局 …………………………… 82
  第二节 鸡场建设及常用设备 ………………………… 93

第六章　肉鸡疫病防治技术 …………………… 98
　第一节　鸡场的卫生防疫措施 ………………… 98
　第二节　肉鸡病毒性疾病的防治 ……………… 102
　第三节　肉鸡细菌性疾病的防治 ……………… 109
　第四节　肉鸡寄生虫疾病的防治 ……………… 112
　第五节　肉鸡其他疫病的防治 ………………… 115
参考文献 …………………………………………… 119

第一章 概　　述

改革开放20多年来，由于国家投入的增加以及科学养殖技术的普及，养禽业已成为我国畜牧业的重要组成部分，而肉鸡业则成为改革开放以来我国畜牧业中发展最快、最具活力的产业之一，在产业结构调整中占有不可替代的位置，为增加农民收入和繁荣经济作出了积极的贡献。

第一节　国内外肉鸡发展现状及前景

一、国内外肉鸡发展现状

（一）国外发展现状

2000年，全世界大约屠宰鸡416亿只。2000年世界家禽肉产量为6600万吨，其中鸡肉占86%，大约为5660万吨。美国、欧盟和中国是世界排名居前的鸡肉生产大国，其产量占世界总量的一半以上。发达国家在1996年以前主导世界禽肉产量，但从1997年开始，发展中国家禽肉产量超过发达国家的生产量。2000年，发展中国家生产禽肉300万吨。1993～2000年，家禽肉在肉类总量中所占的份额增长了4.4%。

2000年家禽肉人均占有量达10.8千克。从地区消耗上看，最大的消费者是中、北美地区，1998年这些地区人均消费家禽肉超过35.1千克，亚洲仅为5.9千克，亚洲发达国家则达到15～16千克。

（二）国内发展现状

我国肉鸡生产自1995年肉鸡产量超过欧盟以后成为仅次于美

国的第二大肉鸡生产国。改革开放以来，中国肉鸡行业突飞猛进，取得了令人瞩目的成就。进入20世纪90年代后，发展更为迅速。2000年禽肉总产量达到1353.5万吨，占世界禽肉产量的20.5%。2002年中国生产肉鸡948万吨，占世界肉鸡总产量（6340万吨）的15%。1997年到2001年年增长速度为5.54%。2002年中国鸡肉年人均消费6.95千克，成为仅次于猪肉的第二大肉类消费品。1990年以来，中国肉鸡出口量由9.55万吨猛增到2001年的55万吨，占中国鸡肉生产量的5.85%，创汇10亿美元。尽管出口鸡肉占全国总产量比例不高，但是由于出口鸡肉主要是以高价值的鸡腿肉和鸡胸肉为主，平均来说出口鸡肉占整只鸡重量的25%左右，事实上全国有21.8%的肉鸡生产是直接为出口提供产品的。

  白羽肉鸡饲养业是我国改革开放以来发展起来的一项新兴产业，特别是近10年来，随着肉鸡产业化向纵深发展，生产数量迅速增长，为解决"三农"问题和出口创汇乃至安排剩余劳动力就业起到了重要作用。快大型肉鸡的主要消费群体为工厂、学校、航空、快餐等团体或加工成熟制品出口，主产区分布在山东、河南、辽宁、河北、江苏等省的大型一条龙企业，国内饲养总量2002年达到了高峰，祖代种鸡76.3万套，父母代种鸡2500万套，商品肉鸡25亿只；2004年春天由于"禽流感"影响，使正在复苏的肉鸡业又遭迎头一棒，饲养总量继续下降到祖代种鸡48万套，父母代种鸡2000万套，商品肉鸡20亿只，比2002年下降了1/3；2005年4～10月市场强劲复苏，正当从业者满怀信心，逐步恢复元气之时，10月份"禽流感"全球风波，使肉鸡业"屋漏偏遇连夜雨"，又一次遭受沉重打击，2005年的饲养总量祖代种鸡52万套，父母代种鸡2100万套，商品肉鸡21亿只；2006年上半年市场一直在成本线下运行，下半年开始至今已一整年，终于迎来了肉鸡业发展的春天，但饲养总量从祖代到父母代到商品代与2004年和2005年基本趋于持平。

  相对于国外快大型白羽肉鸡，地方黄羽肉鸡一向深受我国市场的欢迎,我国优质鸡生产,初始是面向广东、广西,特别是港澳市场的需求展开的,随着人们生活水平的提高和膳食结构的完善,优质鸡的需求量不断加大,主要消费群体是高档餐饮业和家庭消费,主产地分布在华南、华东、广西、四川、湖南、湖北等区域,优质鸡生产是具有中国特色的肉鸡饲养业。

二、肉鸡业的发展前景

据预测,未来十几年内,世界所有地区禽肉的人均消费量都将呈现上升趋势,2015年世界禽肉产量将超过9400万吨,中国家禽产量的增加数占未来世界增加数的1/3,因此,在2000~2015年内,世界对家禽肉的需求预计每年增加2.6%,发展中国家预计达3.5%。

我国的优质鸡产业近年来发展极为迅速。几年前,优质鸡的生产和消费主要在我国南方城市,广东起步最早,发展也最快,广东的发展,带动了华南各省优质鸡生产的快速增长,随后逐步向华北以及东北地区发展。由于优质鸡具有生长速度较快,肉味鲜美,适应性较强,外形美观,有典型中国特色等优点,因此具有较大的发展潜力和广阔的发展前景。

第二节 生产安全肉鸡要遵循的原则

一、改善禽场的生态环境

改善禽场的生态环境,为安全优质肉鸡的生产提供良好的环境。使肉鸡生产从建场前到建场后的生产过程中,始终符合国家规定的空气、土壤、水的各项质量要求,这是进行肉鸡生产的先决条件。为了避免可能的污染,肉鸡生产基地必须远离工矿企业,尽量从生态农业的角度,在肉鸡生产中充分利用当地自然资源,保护生态环境,形成持续稳定、综合的全方位配套产业,达到农业生产的良性循环。

二、建立稳定优质的饲料生产基地

安全肉鸡生产要严格按照无公害食品、绿色食品的生产规范,实行全程质量控制,从土地到餐桌的全程控制包括产地环境、种植过程、饲料加工过程、肉鸡养殖过程、肉鸡的屠宰加工过程、贮藏运输、市场销售到食用的全过程。因此,建立安全优质的饲料原料生产基地,可有效地避免饲料来源广、原料的污染和残留不易控制的局面,保证肉鸡养殖的源头安全。

三、运用先进的肉鸡生产科学技术

最大限度地控制各种不良因素对全生产过程的影响,积极推广使用先进的安全优质无公害饲料添加剂、中兽药添加剂,通过使用无公害添加剂配套技术,落实在养殖过程中的安全优质肉鸡生产。

四、建立完善的兽医防疫体系

完善的防疫体系是进行肉鸡安全优质生产的重要保障。肉鸡养殖场要从选址开始就符合国家对安全优质无公害鸡肉的环境卫生要求,对各种肉鸡疫病进行消毒、预防、监测、控制和扑灭等。肉鸡养殖中力争不用或少用药物,减少肉鸡的发病和死亡;严格控制药物在肉鸡产品中的残留,执行休药期。使用无公害肉鸡生产中允许使用的疫苗、抗生素、化学药物、中兽药等。其中兽医学中"治未病"观念始终指导着新型兽医防疫体系的实施过程,并以此作为指导中药进入无公害养殖现场应用的切入点进行推广,最终提高肉鸡饲养的经济效益。

五、完善屠宰加工、贮藏和运输的卫生体系

肉鸡屠宰加工过程应进行宰前、宰后检验处理。进行卫生分析,检测以下病原体:大肠杆菌、沙门氏菌,进行总菌落群数检查。鸡产品中的农药、兽药、重金属要符合安全优质无公害产品的残留标准。整个加工过程中不使用任何化学合成的防腐剂、添加剂及人工色素。禽肉产品不应与有毒、有害、有异味、易挥发、易腐蚀的物品同处贮存;需冷冻的产品应在-35℃以下环境中，产品运输时应使用符合食品卫生要求的冷藏车（船）或保温车，不应与有毒、有害、有异味的物品混放。所有运输车辆、容器应随时、定期清洗、消毒，严防在贮存及运输中的二次污染。肉品营销中要求出售肉品的摊点要有防晒、防蝇、防尘设备。

第三节　肉鸡生产存在的问题

肉鸡生产是我国畜牧业发展的一个重要产业，也是我国畜牧产品出口创汇的一个重要支柱。长期以来，我国肉鸡产品主要出口欧美、日本、韩国等发达国家，这些国家对检验进口畜禽产品的病原微生物污染、药残等制定了严格的标准，而我国部分商品肉鸡生产中一直存在着严重的公害问题，从而导致了鸡肉出口难的现状，制约了肉鸡产业的健康稳定发展。

一、危害安全肉鸡生产的有害物质

（一）生物性污染

1. **内源性污染**　指肉鸡生存期间污染微生物而造成产品污染。由于目前屠宰肉鸡的来源很杂，点多面广，兽医防疫体系还不健全，常造成疫情不清，养禽生产中传染病、流行病时有发生，这在很大程度上影响了安全肉鸡的生产。带菌微生物包括致病性微生物、非致病性微生物和条件性致病微生物。如病毒、细菌及其毒素、真菌及其毒素；寄生虫污染中的球虫等；昆虫污染中的蝇蛆等。

2. **外源性污染**　指肉鸡在饲养、屠宰加工、贮藏、运输、营销过程中引起的污染。污染途径主要有水、空气、土壤、生产加工过程、贮藏运输。

（二）化学污染

不正确地应用药物，使药物残留于肉鸡体内造成的污染。兽药残留是导致化学性污染的主要原因。

1. **内源性污染**　包括抗生素、激素、化学药物、重金属、农药残留等。

（1）抗生素残留　它主要是指禽在接受抗生素治疗或采食饲料中的抗生素添加剂后，抗生素及其代谢产物在动物组织及器官内的蓄积或贮存。抗生素在改善肉鸡生产性能或防治疾病的过程中，起着一定的积极作用，但同时也带来抗生素的药物残留问题，这些残留物在人体内不断累积后，可导致不良反应与变态反应、细菌耐药性、致畸作用、致突变作用以及激素样作用，最终可导致各种器官病变，甚至癌变。

（2）化学药物残留　磺胺类药物、一些加工过程中的硝酸盐、亚硝酸盐、防腐剂等以及多氯联苯、苯并芘等的污染。

（3）重金属污染　如汞、铅、砷等，这类元素难以降解，长期在体内蓄积的结果是引起组织器官病变、功能失调等。

（4）农药残留　指饲料中残留的防治病虫害用的剧毒农药，如六六六、滴滴涕、有机磷、有机氯农药。它们可通过肉鸡对含上述农药残留饲料的采食，通过在动物体内的富集作用，转移到肉鸡体内，因此做好产地认证是安全优质肉鸡生产的前提。

2. 外源性污染　主要指的是养禽生产过程及屠宰、加工、贮藏运输过程，外界环境中水、空气、土壤对养禽生产过程的污染。另外，生产过程中产生的废弃物也是造成外源性污染的原因之一。屠宰加工过程中的化学物质二次污染同样不能忽视。

实施安全肉鸡生产应对产品实施从"土地到餐桌"的全过程质量控制。在肉鸡品种、饲料生产、肉鸡养殖过程、环境控制、饲养管理制度、兽医防疫体系标准化管理、废弃物处理、肉鸡的屠宰加工直到贮藏运输及上市进行全程量化质量标准管理，确保全过程生产中向消费者提供安全优质的肉鸡产品。

二、肉鸡生产存在的问题

（一）饲养管理不规范

安全肉鸡规模生产中，由于受管理技术、财力条件的限制，普遍存在着因陋就简的生产经营现象，种鸡场审批不严或无审批,不具备饲养种鸡条件的鸡场饲养种鸡,有的种鸡场无证经营,无人过问。

农村规模饲养户,由于缺乏系统而全面的技术培训,加上文化素质跟不上技术进步,鸡舍设计不科学,规划布局不合理,鸡场场址选择不当,鸡舍保温性能弱,卫生环境控制相当差,病源污染严重,鸡群抵抗能力弱,影响优质鸡生产性能,时有疫病发生。

防疫检疫设施不完善,缺乏有效的技术性防范措施(TBT)预警和快速反应机制。生产中存在预防不得力、治疗方法欠科学、盲目用药现象。检疫部门客观条件差,技术水平低,检疫设备匮乏,检疫制度不健全,检疫不严格甚至不检疫的情况,使检疫流于形式、走过场。

我国的肉鸡产品与发达国家相比,产肉成本高,缺乏竞争优势。以活鸡为例,发达国家料鸡比价只需3.3:1,而我们却高达4.5:1甚至5:1。按理讲,饲料成本应占65%~70%,比价为3:1,仍可支付30%左右的雏鸡的管理费用,不应该出现亏损。但由于生产性能差,导致产肉成本高,高成本不但失去了国际市场,同时也失去了国内最大低收入市场。肉鸡行业没有建立起统一的、完善的行业标准。饲养管理制度和安全肉鸡生产程序不规范或不能严格按照制度执行,管理混乱。饲养场没有净化沙门氏菌、支原体等特定病原菌的综合措施,对沙门氏菌鸡不做彻底检疫,不淘汰阳性鸡,严重影响了肉鸡群生产潜力的发挥,增加了养鸡业成本。

(二) 产业化经营机制不健全

禽肉加工严重滞后,制约着养禽业的发展,特别是优质鸡产业,一直以活禽销售为主。在本地区销售的多,跨区域销售的少,精细深加工的几乎没有。同时安全肉鸡的大众化资源开发滞后于现代消费需求,未能开发出与现代消费接轨的富有特色的系统商品,造成商品转化率低,导致产业化效益低、经营风险大的局面。同时,各生产经营厂家各自为政,自产自销,很少有区域性的联合,产品未能联合进入市场,产业化体系建设尚未起步。产业协调不利,部分企业盲目发展,肉鸡行业还处于无序发展状态。

(三) 宏观调控机制有待建立

群众生产缺乏雄厚的技术力量和较高的管理水平。明显表现出自发性和盲目性,缺乏有力的管理指导机构,缺乏宏观调控。使得不少养殖户对市场和自身条件缺乏科学分析,盲目发展,一哄而上,不追求降低成本增加效益,不开展市场调研,往往在市场竞争中形成负面影响,结果造成市场价格波动很大,影响了一些生产者的经济效益。

对于安全优质无污染的鸡肉生产而言,主要问题是:

(1) 生存期间自身污染;

(2) 养殖、产品加工、贮藏、运输等生产过程中被污染;

(3) 肉鸡生产过程的标准化管理。

有害物质的污染,可降低禽肉产品的卫生质量,并对人类健康构成危害。从污染源看主要包括 3 大类:生物性污染、化学性污染以及放射性污染。其中以前二者在安全优质肉鸡生产中最为严重,并广泛地存在于饲料、养殖、加工以及贮藏运输的各个环节。而放射性污染主要指由于原子能开发利用中、农业生产中种子放射性诱变育种、药品生产、食品加工中 ^{60}Co 的放射消毒等引起的污染。

对于养禽生产本身而言,属生物性生产,既受其他工农业生产的污染,也会因为管理不当而污染周围环境,最终造成肉鸡产品本身的有毒有害物质的污染。而肉鸡养殖过程中,尽管工艺比较成熟,但标准化管理问题始终没有得到彻底解决,这需要从目前推行的统一品种、统一疫苗、统一兽药、统一饲料、统一销售甚至统一工艺(包括设施、环境管理规程等)来解决。

第二章 肉鸡的品种

我国城乡居民食用的肉鸡是由白羽肉鸡、黄羽肉鸡和淘汰鸡3部分组成。白羽肉鸡主要是指快大型肉鸡,所谓快大型白羽肉鸡是指从国外引进的快大型肉鸡,是我国肉鸡生产主导品种,数量最多。主要品种有AA肉鸡、艾维茵、罗曼肉鸡等,年商品鸡出栏约在32亿只,占整个肉鸡商品生产总量的64%左右。黄羽肉鸡主要是指我国地方优势品种,也叫土种鸡,广大消费者多数称之"三黄鸡",也有称草鸡、柴鸡、童子鸡,这些都是我国土生土长的肉鸡,主要品种有仙居鸡、北京油鸡、石岐杂鸡和固始鸡等。黄羽肉鸡除了土种鸡外,还有大量的经过改良的鸡叫"仿土鸡",除有地方品种体形外貌和优质鸡肉品质外,又有引进品种的生长速度和产肉性能,同时能适应现代化大规模生产,多以鲜活肉鸡上市,由于肉质鲜美深受我国广大消费者的欢迎。淘汰鸡主要是指淘汰肉种鸡和蛋用鸡,饲养到500天左右,大概每年全国有近10亿只经过屠宰出售当作肉鸡,也有的被加工成各种各样的烧鸡、烤鸡等熟制地方风味食品,以及精加工提取鸡精调味品等。

第一节 国内肉鸡品种

一、石岐杂鸡

石岐杂肉鸡是广东和香港几家育种场利用广西的惠阳、石岐等地方三黄鸡,引入外血经过复杂的多次杂交选育的后代群体。它基本上保留地方鸡羽色、外貌和肉质特色,又较地方鸡生产性能高,因而很快发展成香港、广东地区等活鸡市场的当家品种。

1. 体形外貌　纯正的石岐杂鸡,外貌、鸡肉品质均保持了三黄鸡的特点。

2. 生产性能　公鸡70～75日龄体重1.4～1.55千克,母鸡90～100日龄体重1.4～1.5千克,110～120日龄公鸡体重2千克、母鸡体重1.75千克,全期料肉比在(3.2～3.4):1。肉仔鸡半净膛屠宰率为75%～82%,胸肌占活重的11%～18%,腿肌占活重的12%～14%。

3. 产蛋与繁殖性能　母鸡年产蛋120～140个。另外,利用石岐杂鸡与生长速度快的肉用型有色鸡杂交,可提高其后代的生长速度。如康达尔黄鸡、江村黄鸡、粤黄鸡、岭南黄等优质肉鸡系列。

二、苏禽黄鸡

苏禽黄鸡是江苏省家禽科学研究所培育成的优质黄鸡品种,为满足不同区域、不同市场对黄鸡的消费需求,培育了苏禽黄鸡快大型、优质型、青脚型3个配套系,并于2000年12月通过江苏省畜禽品种审定委员会的审定。

1. 快大型　快大型集黄鸡特点于一体,羽毛黄色,颈、翅、尾间有黑羽,羽毛生长速度快。父母代产蛋较多,入舍母鸡68周龄所产种蛋可孵出雏鸡达142只,商品代60日龄平均体重,公鸡1700克、母鸡1400克,饲料转化比为2.5:1。4系配套中各系性能特点是:A系,作父系父本,由引进国外快大型黄鸡品系选育而成,遗传特点为生长快速和黄色羽毛;B系,作父系母本,由江苏省家禽科学研究所土种鸡与快大型鸡合成选育而成,其优秀的生活力和羽毛黄色等优越性能在配套系中起着极其重要的作用;C系,作母系父本,来源于石岐杂鸡,经多年的严格选择,其产蛋率和羽色较好;D系,作母系母本,主要特点是高产蛋率、高生活力和较好的配合力,66周龄产蛋186个,可孵出雏鸡143只。

2. 优质型 该型的特点是商品鸡生长速度快，羽毛麻色，似土种鸡，肉质优，适合于要求40多天上市、体重在1千克左右的饲养户生产。麻羽鸡3系配套，由地方鸡种的麻鸡引进外血后作第一父本，具备了生长快、产蛋率高、肉质鲜嫩等特点；第二父本系国外引进的快大型品系黄鸡。因而，配套鸡的各项性能表现均处于国内先进水平。

3. 青脚型 以我国地方鸡种为主要血缘，分别选育、配套而成。其羽毛麻黄或黄色，脚青色，生长速度中等，肉质风味特优，是典型的仿土种鸡品系。生产的仔鸡70日龄左右上市，鸡肉可用于烧、炒、清蒸、白切等，在河南、安徽、四川、江西等省有较大市场。

三、北京油鸡

北京油鸡是北京地区特有的地方优良品种，距今已有300余年历史，相传为古代给皇帝的贡品。北京油鸡是一个优良的肉蛋兼用型地方鸡种。具特殊的外貌（即凤头、毛腿和胡子嘴），肉质细致，肉味鲜美，蛋质优良，生活力强和遗传性稳定等特性。北京油鸡外形独特，生活力强，遗传性能稳定，鸡肉品质和蛋质优良，是我国一个非常珍贵的地方鸡种。

1. 体形外貌 北京油鸡体躯中等，羽色美观，主要为赤褐色和黄色羽色。赤褐色者体形较小，黄色者体形大。雏鸡绒毛呈淡黄或土黄色。冠羽、胫羽、髯羽也很明显，很惹人喜爱。成年鸡羽毛厚而蓬松。公鸡羽毛色泽鲜艳光亮，头部高昂，尾羽多为黑色。母鸡头、尾微翘，胫略短，体态敦实。北京油鸡羽毛较其他鸡种特殊，具有冠羽和胫羽，有的个体还有趾羽。不少个体下颌或颊部有髯须，故称为"三羽"（凤头、毛腿和胡子嘴），并具有"S"形冠。这就是北京油鸡的主要外貌特征。

2. 生产性能 北京油鸡的生长速度缓慢。屠体皮肤微黄，紧凑丰满，肌间脂肪分布良好、肉质细腻，肉味鲜美。其初生重为38.4克，4周龄重为220克，8周龄重为549.1克，12周龄重为

959.7 克，16 周龄重为 1228.7 克，20 周龄的公鸡为 1500 克、母鸡为 1200 克。

3. 产蛋与繁殖性能　北京油鸡开产日龄 170 天，年产蛋 150 个左右，种蛋受精率 95%，受精蛋孵化率 90%，雏鸡成活率 97%，雏鸡死亡率 2%，年产蛋量 120 枚，蛋重 54 克，蛋壳颜色为淡褐色，部分个体有抱窝性。成年公鸡体重 3 千克，母鸡体重 2.5 千克。

四、固始鸡

固始鸡原产于河南省固始县，主要分布沿淮河流域以南，大别山脉北麓的商城、新县、淮滨等 10 个县市，安徽省霍邱、金寨等县亦有分布。现存有 1000 余万只。近年来河南省固始种鸡场常年对全国各地提供种鸡。固始鸡的活鸡及鲜蛋在明清时期为宫廷贡品，作为珍贵的地方品种资源，固始鸡备受国内畜牧界的推崇和青睐。农业部已将固始鸡列入国家级种子工程，专门投资在固始县建立固始鸡原种场，对固始鸡进行保种和选育研究。

1. 体形外貌　该品种个体中等，外观清秀灵活，体形细致紧凑，结构匀称，羽毛丰满。全身羽色分浅黄、少数黑羽和白羽。固始鸡冠型分为单冠与豆冠两种，以单冠者居多，冠直立，冠后缘冠叶分叉，喙短略弯曲，青黄色，胫呈靛青色，四趾，无胫羽，尾羽型分为佛手状尾和直尾两种。成年公鸡平均体重 2.47 千克，母鸡 1.73 千克。

2. 生产性能　固始鸡早期增重速度慢，60 日龄体重公母鸡平均为 265.7 克，90 日龄体重公鸡 487.8 克、母鸡 355.1 克，180 日龄体重公鸡为 1270 克、母鸡 966.7。150 日龄半净膛屠宰率公鸡为 81.76%、母鸡为 80.16%，全净膛屠宰率公鸡为 73.92%、母鸡为 70.65%。

3. 产蛋与繁殖性能　平均开产日龄 170 天，年平均产蛋量为 150.5 枚，平均蛋重 50.5 克，蛋壳质量很好。在丝毛乌骨鸡、仙居鸡、萧山鸡、北京油鸡、狼山鸡（N 系）、固始鸡 6 个鸡种中，固始鸡蛋壳最厚，母鸡就巢性能强。繁殖种群公母配比 1：(12～13)，平均种蛋受精率 90.4%，受精蛋孵化率 83.9%。

五、仙居鸡

仙居三黄鸡在农业部权威典籍《中国家禽志》一书中排名首位，该鸡属农户大自然放养。其肉质细嫩，味道鲜美，营养丰富，在国内外享有较高的声誉，是我国著名的地方优良品种。具有体形小、外貌"三黄"（羽毛、爪、喙）、适应性强、产蛋性能好、肉质鲜嫩等优良性状。

1. **体形外貌** 全身羽毛黄色紧密，公鸡颈羽呈金黄色，主翼羽红夹杂黑色，尾羽为黑色，母鸡主翼羽半黄半黑，尾羽为黑色，颈羽夹杂斑点状黑灰色羽毛。喙为黄色，单冠，公鸡冠较高，冠齿 5～7 个。冠与肉垂呈鲜红色，眼睑薄，虹彩呈橘黄色，耳色淡黄。胫、爪呈黄色，无羽毛。体形紧凑，体态匀称，小巧玲珑，背平直，翅紧贴，尾羽高翘，状如"元宝"。头大小适中，颈细长。

2. **生产性能** 成年体重（22 周龄），公鸡 1600～1800 克、母鸡 1250～1400 克。屠宰率为 88.5%；全净膛率为 65%，腿肌率为 25.0%，胸肌率为 18.8%。

3. **产蛋与繁殖性能** 开产日龄为 130～150 日，开产体重为 1150～1200 克，蛋重 42～46 克。500 日龄产蛋数为 180～200 枚。公母配比为 1：(12～15)。受精率为 88%～91%；受精蛋孵化率为 90%～93%。

六、浦东鸡

原产于上海市的黄浦江以东的广大地区，故名浦东鸡。现已由上海市农林科学院育成新浦东鸡。它以我国优良地方品种浦东鸡为基础，运用杂交育种的方法，保留了浦东鸡体形大、肉质鲜美的特点，并克服了生长慢和长羽迟的缺点。该鸡外貌多为黄羽、黄喙、黄脚，故群众又称它为"九斤黄"。

1. **体形外貌** 新浦东鸡体形较大，呈三角形，偏重产肉。公鸡单冠直立，冠齿多为7个，羽色有黄胸黄背、红胸红背和黑胸红背3种，尾羽、镰羽上翘与地面呈45°。母鸡单冠，较小，有的冠齿不清，全身黄色，有深浅之分，羽片端部或边缘常有黑色斑点，因而形成深麻色或浅麻色，尾羽较短，稍上翘，主尾羽不发达。耳叶红色，脚趾黄色。有脚羽和趾羽。生长速度早期不快，长羽也较缓慢，特别是公鸡，通常3～4月龄全身羽毛才长齐。

2. 生产性能　新浦东肉用仔鸡的生长速度为28日龄公鸡平均体重432.7克，母鸡平均体重395克。在一般的饲养条件下，70日龄的公母混合重都可达到1.5千克以上。70日龄半净膛率达到85%以上。

3. 产蛋及繁殖性能　新浦东鸡的开产日龄平均为184天，入舍母鸡300日龄的产蛋量平均为78个，500日龄为163个。年产蛋量177个，平均蛋重60.5克。蛋壳浅褐色。配种期间公母配比1∶12～1∶15，种蛋受精率达90%以上，孵化率达80%以上，70日龄成活率92%以上。

第二节　国外肉鸡品种

一、艾维茵

原产地美国，是美国艾维茵国际禽场有限公司培育的三系配套白羽肉鸡品种。1986年由北京家禽育种有限公司引进后，建立了曾祖代场和祖代场，进行选育和繁殖，目前在全国28个省（市、自治区）建有祖代和父母代种鸡场。是白羽肉鸡中饲养较多的品种。艾维茵肉鸡可在全国绝大部分地区饲养，适宜集约化养鸡场、规模鸡场、专业户和农户。

艾维茵肉鸡为显性白羽肉鸡，体形饱满，胸宽、腿短、黄皮肤，具有增重快、成活率高、饲料报酬高的优良特点。

1. 祖代生产性能　入舍母鸡平均产蛋率母系60%、父系

52%，累计产蛋数母系163枚、父系138枚，产蛋合格率平均为91%；平均孵化率母系为82%、父系为77%，生产雏鸡母系122只、父系94只，生产可售父母代雏鸡母系58只、父系45只；41周龄产蛋期母鸡成活率母系90%、父系85%。

2. 父母代生产性能　入舍母鸡产蛋5%时成活率不低于95%，产蛋期死淘率不高于8%～10%；高峰期产蛋率86.9%，41周龄可产蛋187枚，产种蛋数177枚，入舍母鸡产健雏数154只，入孵种蛋最高孵化率91%以上。

3. 商品代生产性能　商品代肉用仔鸡羽毛白色，皮肤黄色而光滑，增重快、饲料利用率高，适应性强，商品代公母混养49日龄体重2615克，耗料4.63千克，饲料转化率1.89，成活率97%以上。

二、爱拔益加

爱拔益加肉鸡又称AA肉鸡，原产地美国，是美国爱拔益加育种公司培育的四系配套白羽肉鸡品种。四系均为白洛克型，羽毛均为白色，单冠。1979年被我国引进后，首先在广东省落户。1980年后，在广东、上海、山东、东北三省和北京等地建有十多个祖代场和父母代场。是白羽肉鸡中饲养较多的品种。AA肉鸡可在全国绝大部分地区饲养，适宜集约化养鸡场、规模鸡场、专业户和农户。

AA肉鸡具有生产性能稳定、增重快、胸肉产肉率高、成活率高、饲料报酬高、抗逆性强的优良特点。

1. 父母代生产性能　全群平均成活率90%，入舍母鸡66周龄产蛋数193枚，入舍母鸡产种蛋数185枚，入舍母鸡产健雏数159只，种蛋受精率94%，入孵种蛋平均孵化率80%，36周龄蛋重63克。

2. 商品代生产性能　商品代公母混养35日龄体重1770克，成活率97.0%，饲料利用率1.56；42日龄体重2360克，成活率96.5%，饲料利用率1.73，胸肉产肉率16.1%；49日龄体重

2940克，成活率95.8%，饲料利用率1.90，胸肉产肉率16.8%。

三、罗曼肉鸡

原产地德国，是德国罗曼公司培育的四系配套杂交鸡。1982年被北京市华都公司引进。在北京、四川、河南、江苏等地建有种鸡场。该肉鸡体形大，商品代肉鸡羽毛白色，幼龄时期生长快，饲料转化率高，适应性强，产肉性能好，罗曼肉鸡父母代和商品代的生产性能。其商品代肉鸡生产性能为：每日增重，1周龄为16克，2周龄为29克，3周龄为39克，4周龄达47克，5～9周龄达50克。8周龄体重2.35千克，料重比为2.2∶1。

四、安卡红

是以色列P.B.U公司培育的有色羽杂交肉鸡，其生长速度接近白羽肉鸡，特别是抗热应激，抗病能力较强。我国上海引进有曾祖代种鸡。

1. 外貌特征　安卡红鸡体形较大、浑圆，是目前国内生长速度最快的红羽肉鸡。初生雏较重，达38～41克。绒羽为黄色、淡红色，少数雏鸡背部有条纹状褐色，主翼羽、背羽羽尖有部分黑色羽，公鸡尾羽有黑色，肤色白色，喙黄，腿粗，胫趾为黄色。单冠，公、母鸡冠齿以6个居多，肉髯、耳叶均为红色，较大、肥厚。

2. 生产性能　该商品代饲料转化率高，生长快，饲料报酬高，6周龄体重达2001克，累计料肉比1.75∶1；7周龄体重达2405克，累计料肉比1.94∶1；8周龄体重达2875克，累计料肉比2.15∶1。

3. 繁殖性能　安卡红鸡父母代生产性能：淘汰周龄为66周龄，每只入舍母鸡产蛋总数176枚，其中可作种蛋数164枚，出雏140只，25周龄产蛋率达5%。种蛋孵化率达87%。0～21周龄成活率94%，22～26周龄成活率92%～95%。

第三章 肉鸡的营养与饲料

第一节 肉鸡常用饲料及营养价值

肉鸡的常用饲料有许多种,根据各种饲料特性,大致分五类。

一、能量饲料

指无氮浸出物高,粗纤维低,所含可利用能高的饲料。按国际饲料分类的原则,饲料干物质中含纤维低于18%、蛋白质含量低于20%的饲料为能量饲料。能量饲料是供给畜禽能量的主要来源,而且在日粮中所占比例最大,为50%~80%,包括谷物类及其加工副产品、糠麸类、块根块茎及其副产品和瓜果类等。这类饲料缺乏赖氨酸和蛋氨酸,含钙少、磷多。因此,仅靠这种饲料不能满足肉鸡的需要。

1. 谷实类 这类饲料具有高能量,消化率高。其缺点是蛋白质和必需氨基酸含量不足,粗蛋白质含量一般占8.9%~13.5%,特别是赖氨酸、蛋氨酸含量不足;钙含量一般低于0.1%,而磷含量可达0.31%~0.45%,这样的钙磷比例对鸡都不适宜;缺乏维生素A和维生素D。

(1) 玉米 含能量高,粗纤维少,适口性强,易消化,素称能量之王,含代谢能达13.0~14.6兆焦/千克。是优良的鸡饲料。玉米有黄色和白色两种。黄玉米含胡萝卜素和叶黄素较多,多喂黄玉米的鸡,其喙、脚和蛋黄的颜色鲜黄。玉米在混合料中可占35%~65%。

(2) 稻谷与碎米 稻谷外壳粗纤维的含量高,喂量不宜过多,以占日粮的10%～20%为宜。10～15日龄以上的鸡,在混合料中可以加入磨碎的谷粉10%,随着鸡不断长大,用量可以适当增加。鸡喜欢吃整粒的稻谷,晚餐给母鸡饲喂谷粒比较耐饥,谷粒尤其适用于冬季做晚餐饲料。若晚餐用谷粒喂鸡,早餐或午餐必须饲喂混合料,以补充蛋白质、矿物质和维生素的不足。

碎米含淀粉高而纤维少,易消化,适宜雏鸡啄食,是开食的好饲料,但粗蛋白质含量低,远远满足不了雏鸡生长发育的需要。饲料以碎米为主的雏鸡羽毛粗糙,缺乏光泽,生长也比不上以喂玉米为主的雏鸡。

(3) 小麦　含能量和蛋白质都较多,其能量约为玉米的90%,为12.89兆焦/千克左右。B族维生素较丰富。适口性好,易消化。用时不宜磨得过细,因为小麦粉水湿后会呈糊状而粘口,也会在鸡的嗉囊中形成面团状物质,不利于消化。在混合料中小麦粉可占10%～30%。

(4) 高粱　其主要成分是淀粉。含蛋白质比玉米和稻谷都多。高粱的外壳坚硬,不容易消化,又含有单宁酸,味稍涩,喂多了容易便秘,用量不宜太多,混合料中可占5%～10%。但若去除单宁,则可大量使用。使用单宁含量高的高粱时,应注意添加维生素A、蛋氨酸、赖氨酸和胆碱等,还应注意色素及必需脂肪酸的补充。可将高粱磨碎或浸水发芽后喂鸡。

(5) 黄粉　黄粉是小麦除去麦麸后生产精面粉的副产品,营养价值接近小麦粉。黄粉容易变质,用时应注意是否新鲜。此外,黄粉不能用得太多,雏鸡用量不要超过10%,成年鸡不要超过15%。

2. 糠麸类

(1) 小麦麸　小麦麸是面粉工业的副产品,含有较多的蛋白质、锰和B族维生素,各种成分比较均匀,且适口性好,是肉鸡常用的辅助饲料。但是小麦麸含能量低,纤维含量高,相对密度小且有轻泻作用。因此,用量不宜过大,雏鸡混合料中可占

5%～10%，后备鸡和产蛋鸡混合料中可占10%～20%。

(2) 米糠及脱脂米糠（糠饼）　米糠主要是米皮，有少量的米碎和米胚，含脂肪多。质软味甜，鸡喜欢吃。但含磷酸和镁较多，在混合料中一般不超过8%，过多容易引起腹泻。米糠榨油后称脱脂米糠或糠饼，它去了油反而蛋白质的比例提高了。用糠饼养鸡时，搭配40%～50%的玉米效果较好。

3. 块根、块茎、瓜果类

(1) 木薯、甘薯、马铃薯　这些均为块根类饲料。这类饲料富含淀粉，可以产生能量，可代替部分子实类饲料，但缺乏其他营养素，在混合料中可占10%～20%。木薯用前必须经过除皮浸水去毒处理。发芽的马铃薯含有毒的龙葵素，要去芽后再喂。这类饲料可熟喂或生喂，也可以晒干打成粉加入混合料中。

(2) 南瓜　含丰富的胡萝卜素，能转化成维生素A，味甜，鸡喜欢吃，容易消化。可代替青绿饲料。夏季给鸡喂南瓜，如人吃水果。将南瓜刨成丝状，再用刀剁碎，生喂即可。

二、蛋白质饲料

一般指饲料干物质中粗蛋白质含量在20%以上，粗纤维含量在18%以下的饲料。这类饲料按其来源可以分为动物性蛋白质饲料和植物性蛋白质饲料。

1. 动物性蛋白质饲料　鱼粉是养鸡最理想的蛋白质饲料。其蛋白质含量高，必需氨基酸全面，赖氨酸和胱氨酸含量高。鱼粉的蛋白质含量在45%～60%，还含有丰富的维生素B_{12}和维生素B_2，钙、磷的含量也较高，对鸡的生长、产蛋均有良好的效果。鱼粉的含盐量有高有低，用前必须了解其含盐量，以免用量过多造成食盐中毒。以白鱼粉品质最好，鱼粉颜色越深，品质越次，使用时越要谨慎，鱼粉使用比例在5%左右。

2. 植物性蛋白质饲料

(1) 大豆饼（粕）　为大豆榨油后的副产品，用压榨法加工的副产品叫大豆饼，用浸提法加工的副产品叫大豆粕，是养鸡常用的优良的植物性蛋白质饲料之一。大豆饼（粕）粗蛋白质含量在 40%～46%，代谢能达 10～11 兆焦/千克，蛋白质含量粕高于饼，代谢能却相反。大豆饼（粕）氨基酸组成接近动物性蛋白质饲料，但蛋氨酸、胱氨酸含量相对不足，故以玉米—豆饼（粕）为基础的日粮，通常要添加蛋氨酸。虽然大豆饼（粕）蛋白质含量丰富，仍不能完全代替鱼粉，用时搭配鱼粉等动物性蛋白质饲料，效果特别好。其用量可占混合料的 10%～25%。

当蛋白质饲料来源缺乏时，有时也将大豆作饲料。它含有丰富的蛋白质（36%）。所含代谢能也较高（14 兆焦/千克），但含有抗胰蛋白酶，会妨碍鸡对蛋白质的消化，使用前最好经过加温处理，如炒熟后粉碎，这样可以破坏抗胰蛋白酶，提高其中蛋白质的消化率。

（2）花生饼 为花生榨油后的副产品，其营养价值仅次于大豆饼，蛋白质的含量为 40%～49%。能量 10.88～1.63 兆焦/千克。含精氨酸、组氨酸较多，赖氨酸含量低，适口性好于大豆饼，与大豆饼配合使用效果较好。

花生饼容易发霉变质，贮藏时应注意保持干燥和通风。用发霉的花生饼喂鸡，易引起黄曲霉毒素中毒，喂前须做去毒处理。据试验，将发霉花生饼放在 20% 的澄清石灰水中浸泡 4 小时，能去毒 97.7%。鸡喜欢吃花生饼，在混合料中用量可占 15%～20%。

（3）菜子饼 含粗蛋白质 35%～40%，与豆饼相比，富含蛋氨酸，但赖氨酸含量低，且含有毒的芥子苷毒素，须经去毒才能作为鸡饲料，一般用量可占饲料的 5% 左右。

（4）棉仁饼（粕） 棉子经脱壳之后压榨或浸提取油后的残渣。其蛋白质含量达 32%～42%，氨基酸含量较高，微量元素含量丰富，含代谢能较低。

棉仁饼中含有对畜禽健康有害的游离棉酚，饲喂前应采取脱毒措施，未经脱毒的棉仁饼喂量不能超过配合饲料的 3%～5%。

（5）葵花子饼（粕） 脱壳葵花子饼粗蛋白质含量可达 40%

以上，粗纤维、脂肪含量较低，易于消化。磷、钙含量较同类饲料高，B族维生素也比豆饼丰富。

（6）芝麻饼（粕） 芝麻饼的粗蛋白质含量，若是浸出法可达45%～46%；若为压榨法一般为39.2%。蛋氨酸含量比豆饼高，但赖氨酸少。其烟酸与泛酸含量也较多。芝麻饼适口性好，但用于肥育鸡饲料时，容易引起胶化体脂肪。

（7）亚麻仁饼（粕） 粗蛋白质含量30%以上，蛋氨酸含量较高，但粗纤维含量也较高，喂量不宜过多。亚麻仁饼若喂量过多，可使鸡体不饱和脂肪酸含量上升，体脂变软。用温水浸泡亚麻仁饼可产生氢氰酸而使鸡中毒，应注意。

（8）玉米蛋白粉和其他蛋白质饲料 玉米蛋白粉含蛋白质40%～50%，甚至达60%。但氨基酸含量不平衡，蛋白质品质较差，饲喂时应考虑氨基酸平衡，宜与其他蛋白质饲料配合使用。

有些酿造厂家将酒糟、啤酒糟等副产品加工、分离，制成蛋白质饲料，其饲用价值得到提高，但要注意避免酒糟中乙醇使鸡中毒。

三、矿物质饲料

主要为鸡提供钙、磷、钠、氯和各种微量元素。贝壳、石灰石、蛋壳均为供给钙质的饲料。其中以贝壳（蚝壳、蚬壳等）为最好，含钙40%左右。并容易被鸡吸收。蛋壳经过清洗、煮沸和粉碎之后，也是很好的钙质饲料。石灰石含钙也很高，有石灰石的地方，可将其打成粉作为供给钙质的饲料。这类饲料可在混合料中占1%～2%。骨粉和磷酸钙为优良的供钙饲料。骨粉因制法不同，其品质差异很大，一般以蒸制的骨粉质量较好。磷酸钙或其他磷酸盐类也可作供给磷的饲料。骨粉和磷酸钙在混合料中可占1%～1.5%。

1. 食盐 在大多数植物性饲料中缺乏元素钠和氯，饲料中添加食盐后，既可补充钠、氯元素不足，保证体内正常新陈代谢，又可以增进鸡的食欲，一般在饲料中添加量为0.3%～0.5%。若鸡群发生啄癖，在3~5天饲料中食盐用量可增至0.5%~1%。若饲料中含有咸鱼粉，则应根据鱼粉的含盐量减少食盐的添加量，以免发生食盐中毒。

2. 骨粉　骨粉是动物骨骼经过高温、高压、脱脂、脱胶、粉碎而制成的。它不仅钙、磷含量丰富，而且比例适当，是鸡很好的钙、磷补充饲料。骨粉的价格较其他钙磷饲料价格高，生产中添加的目的是补充磷的不足。如果使用其他钙磷饲料，要注意配合饲料中的磷的含量是否充足。

3. 磷酸氢钙　磷酸氢钙中含钙20%以上，含磷15%以上，生产中使用脱氟的磷酸氢钙主要是补充饲粮中磷的不足，一般在饲料中用量为0.5%~2%。

4. 贝壳粉　贝壳粉是由螺蚌的外壳加工粉碎而成的，含钙量30%以上，且容易被消化吸收，是鸡比较好的含钙矿物质饲料。贝壳粉在饲料中用量，雏鸡和育成鸡占1%~2%，产蛋鸡占4%~8%。

贝壳作为矿物质饲料既可加工成粒状，也可制成粉状。粒状贝壳粉既能补充钙，又能起到"牙齿"的作用，有利于饲料的消化，平养时可单独放在饲槽中让鸡自由采食；粉状贝壳容易消化吸收，笼养时通常拌在饲料中喂给。

5. 石粉　即石灰石粉，为天然的碳酸钙，一般含钙35%以上，是补充钙质最廉价、最简便的矿物质饲料。只要石灰石中的铅、汞、砷、氟的含量不超标，都可制成石粉用作补充钙质的矿物质饲料。由于鸡对石粉消化吸收能力差，因而最好与贝壳粉配合使用。石粉在饲料中用量，雏鸡、育成鸡占1%左右，产蛋鸡占2%~6%。使用石粉时特别要注意氟的含量，因氟会使体内的钙与之结合成不能被利用的氟化钙，出现缺钙症状。

6. 沸石　沸石是一种含水的硅酸盐矿物，在自然界中多达40多种。沸石中含有磷、铁、铜、钠、钾、镁、锶、钡等20多种矿物质元素，是一种优质价廉的矿物质饲料，一般在饲料中可占1%～3%。在饲料中添加沸石可以促进鸡的消化,补充多种矿物质元素。

7. 沙砾　沙砾有利于肌胃中饲料的研磨,起到"牙齿"的作用,尤其是笼养鸡和舍饲鸡更要注意补给,不喂沙砾时,鸡对饲料的消化能力大大降低。据研究,鸡吃不到沙砾,饲料的消化率要降低20%～30%。因此,养鸡要经常补给沙砾。平养时,可将沙砾单独放在沙盘中让鸡自由采食;笼养时,可在饲料中添加1%～2%的沙砾。

四、饲料添加剂

饲料添加剂是为了满足肉鸡的某种特殊营养需要,完善日粮的全价性,需要在饲料中添加原来含量不足或不含有的营养物质和非营养性物质,采用多种不同方法添加到饲料中,以提高饲料利用率,增强日粮的适口性,促进肉鸡生长发育,防治某些疾病,减少饲料储藏期间的营养物质的损失,改进产品品质等,这类物质称为饲料添加剂。饲料添加剂是配合饲料的核心组成部分。

(一) 维生素添加剂

维生素添加剂是鸡所需的各种维生素的来源。青绿饲料含有较多的胡萝卜素、维生素D、维生素C、维生素E、维生素K、叶黄素及一些B族维生素等,并含有一些微量元素,对鸡的生长、产蛋、繁殖以及维持健康均有良好的作用。栽培和野生的各种植物叶子,只要无毒、无异味都可做鸡的饲料。青绿饲料可以新鲜生食,喂前冲洗干净,捣碎拌入混合料中。也可以制成干粉,拌入混合料中饲喂。新鲜生喂的青绿饲料用量为混合料的30%～50%。制成干粉的用量可占混合料的3%～5%。

1. 维生素A　对保证视觉、呼吸、消化功能有重要作用,如缺乏,易出现眼干燥症、失明、肠炎、下痢、肺炎等。在确定日粮中维生素A的水平时需考虑许多因素。维生素A在日粮中易氧化,故需要一种稳定的形式供给。肠道寄生虫对肠壁的损伤会影响维生素A的吸收。饲料的脂肪水平和脂肪吸收的最适生理条件（如胆汁、脂肪酶等）也影响维生素A的吸收。因此，饲粮中维生素A的含量应大大高于理想条件下鸡的最低需要量。

维生素A的纯化合物是视黄醇，由于其不稳定易氧化，为增加其稳定性，市场上销售的维生素A添加剂是维生素A酯化后经微型胶囊包被的产品。用于酯化所用的有机酸有醋酸、棕榈酸、丙酸等，所以维生素A酯化物的一个国际单位相应重量也不一样，常见维生素A添加剂的活性成分含量为每克50万国际单位，也有每克20万国际单位和60万国际单位的。

2. 维生素D 促进钙、磷吸收，具有在骨骼中沉积钙的作用，可用于佝偻病的防治。其需要量取决于日粮中钙、磷含量及比例。动物皮肤内的7－脱氢胆固醇经紫外线照射可产生维生素D_3，一般经常接受日光照射的鸡不易缺乏维生素D，但对肉仔鸡来讲，很难经常接受日光照射，所以应注意补充维生素D。另外，如饲料中含有霉菌毒素，则维生素D的需要量会显著增加。

维生素D有维生素D_2和维生素D_3两种，维生素D_3适用于肉鸡，维生素D_3为胆钙化醇，不稳定易被破坏，维生素D_3酯化后，经明胶、糖、淀粉包被后，稳定性增加，常见的维生素D_3添加剂的活性成分含量为每克50万国际单位或20万国际单位。

3. 维生素E 具有抗氧化作用，大剂量使用可增强机体免疫力，和硒共同作用可防止渗出性疾病。遇到酸败油脂、饲料制粒和铁盐，维生素E易受破坏，玉米贮藏1年以上，维生素E损失严重。因此。肉仔鸡日粮中应添加维生素E。维生素E能防止维生素A的氧化。维生素E添加剂多为dL－生育酚醋酸酯，商品纯度为50%或25%。

4. 维生素K 参与凝血反应。在治疗球虫病时，在饲料或饮水中添加磺胺喹啉等药物，为维生素K需要量增加，可多用苜蓿粉或直接补充维生素K。商品用维生素K是维生素K_3的衍生物，维生素K_3添加剂的活性成分为甲萘醌，市场上销售的维生素K

添加剂有：亚硫酸氢钠甲萘醌，含有效成分50％；亚硫酸氢钠甲萘醌复合物，有效成分含量为25％；亚硫酸二甲嘧啶甲萘醌，有效成分含量50％。

5. 维生素 B_1 与维生素 C 有协同性，与维生素 B_2、维生素 A、维生素 D 有颉颃作用。维生素 B_1 缺乏时，可因维生素 A 过剩而使症状恶化。用作维生素 B_1 添加剂的有硫胺素盐酸盐和硫胺素硝酸盐，硫胺素硝酸盐更稳定一些，活性成分含量为96％～98％。

6. 维生素 B_2 参与脂肪酸、核酸等多种物质的代谢。肉仔鸡缺乏时出现腹泻、生长迟缓、跗关节着地、趾爪内屈等。大多数谷物类饲料中维生素 B_2 含量不足，而乳产品、肝粉或某些发酵产品中含维生素 B_2 丰富。一般肉仔鸡日粮中多添加维生素 B_2。维生素 B_2 添加剂的活性成分含量为 96％、80％、55％和50％。

7. 维生素 B_3 又名泛酸。参与脂肪、糖类和蛋白质的代谢。泛酸缺乏时，代谢功能紊乱，生长受阻，皮肤发炎，成活率低。糠麸中含有丰富的泛酸。因为泛酸钙在酸性条件下容易失效，因此不能与烟酸同时添加。另外，泛酸钙吸湿性极强，因此必须先制成单项预混料，并在其中添加适量的碳酸钠保持碱性。添加适量的氯化钙，可以防止吸湿，保持良好的流动性。商品制剂为d-泛酸钙，纯度为98％，也有稀释至 66％或50％的。

8. 胆碱 参与脂肪代谢，具有促进肉仔鸡生长的作用。胆碱不足易引起脂肪代谢障碍，同时缺锰时可引起肉仔鸡胫骨短粗症、滑腱症等。一般蛋白质饲料中含胆碱0.2％～0.4％，谷物类饲料含胆碱 0.05％～0.1％。肉仔鸡对胆碱的需要量为 0.13％。具有强烈的吸湿性，碱性极强。较强的碱性可破坏水溶性维生素如维生素 C、维生素 B_1、维生素 B_2、泛酸、维生素 PP 及脂溶性维生素 K 等。另外，氯化胆碱与蛋氨酸有协同作用，蛋氨酸能提供甲基在体内合成胆碱。生产中常把氯化胆碱制成单独的制剂，在配制饲料时才分别加入氯化胆碱和其他添加剂。用作添加剂的是氯化胆碱。氯化胆碱有液体和固体两种,液体氯化胆碱含氯化胆碱70%或75%,固体氯化胆碱含氯化胆碱50%。1.15毫克氯化胆碱相当于1毫克胆碱。

9. 烟酸 又名维生素B_5、尼克酸、维生素PP。为辅酶Ⅰ和辅酶Ⅱ的重要组分,与碳水化合物、脂肪和蛋白质代谢有关。肉仔鸡缺乏烟酸时食欲不振,生长停滞,羽毛发育不良,脚和皮肤发生炎症,关节肿大。小麦、酵母、麸皮中含烟酸丰富。商品添加剂有烟酸和烟酰胺,二者活性相同,纯度为98%~99.5%。

10. 维生素B_6 又名吡哆醇,商品添加剂为盐酸吡哆醇,活性成分含量为82.3%。

11. 生物素 商品添加剂有效成分含量为1%和2%两种。

12. 叶酸 商品添加剂活性成分含量为1%、3%或4%。

13. 维生素B_{12} 维生素B_{12}与叶酸作用相关联,影响体内生物合成所必需的活性甲基的形成。维生素B_{12}不足时影响蛋白质代谢,出现生长停滞、贫血、羽毛粗乱,发生肌胃黏膜炎症、肌胃糜烂等。肉仔鸡每千克饲料中需要9微克维生素B_{12}。除鱼粉外,一般饲料中几乎都不含有维生素B_{12},必须注意补充。能激活叶酸的生物学活性,鸡缺乏叶酸时可应用维生素B_{12}辅助治疗;与维生素C合用,促进鸡生长发育的效果显著。此外,泛酸能增强维生素B_{12}的效应。商品添加剂活性成分含量为1%。

14. 维生素C 维生素C具有很强的还原性,其水溶液呈酸性,可使维生素B_{12}破坏失效,所以两者不可以混在一起制成添加剂。商品添加剂活性成分含量为99%。

(二)微量元素添加剂

目前,市场上的产品大多是复合微量元素,对于笼养肉鸡来说,配料时必须添加微量元素。在饲料中添加微量元素时,不仅要考虑肉鸡的需要量及各元素之间的协同和颉颃作用,还要了解各地区微量元素分布特点和所用饲料中各种微量元素的含量,以防中毒。组成微量元素添加剂的原料是含有微量元素的化合物。

常用的微量元素添加剂原料有硫酸盐类、碳酸盐类、氧化物、氯化物等，此外还有微量元素的有机化合物。在使用微量元素添加剂原料时，应首先了解常用的微量元素化合物及其活性成分含量，微量元素化合物的可利用性以及微量元素化合物的规格要求。另外，根据当地的原料含微量元素的特点，适当添加容易缺乏的元素。

（三）氨基酸添加剂

蛋白质营养的实质是氨基酸营养，而氨基酸营养的核心是氨基酸之间的平衡，用合成的氨基酸添加剂来平衡或补足饲料氨基酸的不足，是提高饲料蛋白质利用率和充分利用蛋白质资源及降低日粮蛋白质水平的最好途径之一。目前使用较多的主要是人工合成的蛋氨酸和赖氨酸。

1. 蛋氨酸 在鸡的饲料中，蛋氨酸是第一限制性氨基酸，它在一般的植物性饲料中含量很少，不能满足鸡的营养需要。据试验表明，在一般饲料中添加0.1%的蛋氨酸，可提高蛋白质的利用率2%~3%。由于L-型蛋氨酸和D-型蛋氨酸活性相同，因此商品蛋氨酸添加剂为DL-蛋氨酸。DL-蛋氨酸的纯度为98%，含氮量为9.4%，粗蛋白质含量为58.6%，代谢能为21兆焦/千克。

蛋氨酸羟基类似物（MHA），其化学结构中没有氨基，但具有转化为蛋氨酸所特有的碳架，因此有蛋氨酸的活性为70%~80%。

2. 赖氨酸 赖氨酸也是限制性氨基酸，它在动物性饲料和豆科饲料中含量较多，而在谷类饲料中含量较少。在粗蛋白质水平较低的饲料中添加赖氨酸，可提高饲料中蛋白质的利用率。据试验表明，在一般饲料中添加赖氨酸后，可减少饲料中粗蛋白质用量的3%~4%，一般赖氨酸在饲料中的添加量为0.1%~0.3%。商品添加剂为L-赖氨酸盐酸盐，纯度为98%，其中含赖氨酸78%。L-赖氨酸盐酸盐含氮量为15.3%，粗蛋白质95.8%，代谢能16.7兆焦/千克。

（四）药物性添加剂

为了维护肉鸡的健康，发挥肉鸡的最大生产潜力，在肉鸡饲料中要添加各种药物性添加剂，这是保证肉鸡生产效益的措施，药物性添加剂对肉鸡生长和健康有良好的效果。这类添加剂包括抗生素、合成抗菌药、驱蠕虫类药物等。使用药物性添加剂要注意抗药性和药物残留。

1. 抗生素添加剂 抗生素具有抑菌作用，一些抗生素作为添加剂（见表3—1）加入饲料后，可抑制肠道内有害菌的活动，具有抑制多种呼吸、消化系统疾病，提高饲料利用率，促进增重和产蛋的作用，鸡处于应激状态下效果更为明显。

表3—1 鸡饲料中抗生素添加剂的使用及作用

抗生素	用量（克/吨）	作用
土霉素	25～100	促进生长，提高产蛋率和饲料利用率，防治慢性呼吸道病、霍乱、鸡白痢
金霉素	10～500	促进生长，提高饲料利用率
新霉素	70～140	促进生长，提高饲料利用率，防治细菌性肠炎
红霉素	4.5～18.5	促进生长，提高产蛋率和饲料利用率
林可霉素	2～4	促进生长，提高饲料利用率
泰乐菌素	40～500	促进生长，提高产蛋率和饲料利用率，防治慢性呼吸病、非特异性肺炎

2. 驱虫保健添加剂 在鸡的寄生虫病中，球虫病发病率高，危害大，要特别注意预防。常用的抗球虫药有氨丙啉、盐霉素、莫能霉素、地克珠利等，使用时应交替使用，以免产生抗药性。

（五）饲料保存剂

包括抗氧化剂和防霉剂。饲料粉碎后，其内营养物质易受到氧化和真菌污染，使饲料利用率降低，在氧化和霉变过程中还会产生对肉鸡有害的物质。因此要在饲料中添加抗氧化剂和防霉剂。

1. 抗氧化剂　在饲料储藏过程中,加入抗氧化剂可以减少维生素、脂肪等营养物质的氧化损失,如每吨饲料中添加200克山道喹,储藏1年后,胡萝卜素损失30%,而未添加抗氧化剂的损失70%。富含脂肪的鱼粉中添加抗氧化剂,可维持原来粗蛋白质的消化率,使各种氨基酸消化吸收及利用率不受影响,常用的抗氧化剂有山道喹、乙基化羟基甲苯、丁基化羟基甲苯等,一般添加量为100~500毫克/千克。常用的抗氧化剂有:乙氧基喹啉、二丁基羟基甲苯(BHT)、丁羟基茴香醚(BHA)。

2. 防霉剂　在饲料储藏过程中,为防止饲料发霉,保持良好的适口性和营养价值,可在饲料中添加防霉剂。常用的防霉剂有丙酸钠、丙酸钙、脱氢醋酸钠等,添加量为:丙酸钠每吨饲料添加1千克,丙酸钙每吨饲料添加2千克,脱氢醋酸钠每吨饲料添加200~500克。防霉剂有丙酸钙、丙酸钠、丙酸。

(六) 酶类添加剂

酶类添加剂是一种具有特殊性能的蛋白质,作为饲料的酶类添加剂有20多种。使用酶制剂可以提高常规饲料的转化率,而且能够提高糠麸、糟渣类、薯类等非粮食原料的可利用性。由于糠麸、糟渣类、薯类、棉子饼、菜子粕类等饲料中粗纤维含量高及抗营养因子的存在,限制了它们在饲料工业中的应用。利用酶制剂,可以降低或消除这些不利因素,降低饲料的成本,提高经济效益。如植酸酶能够催化植酸水解,使植物中原本不能吸收的以植酸磷形式储存的磷能够被鸡体吸收利用,提高饲料的可利用养分的用量。由于在饲料中的植酸酶添加很少的剂量就可替换出很多的磷,为饲料配方节省出了宝贵的空间,使成本进一步下降。

目前生产的酶制剂有单一酶制剂和复合酶制剂两类。

单一酶制剂:纤维素酶、β-葡聚糖酶、果胶酶、植酸酶、淀粉酶、脂肪酶、蛋白酶、非淀粉多糖酶等。

复合酶制剂：

（1）以蛋白酶、淀粉酶为主的饲用复合酶，此类酶制剂主要用于补充动物内源酶的不足；

（2）以纤维素酶、果胶酶为主的饲用复合酶，这类酶主要由木霉、曲霉和青霉直接发酵而成，主要作用为破坏植物细胞壁，降解纤维素为还原糖，同时使细胞内营养物质释放出来，易于被消化酶作用，促进营养物质消化，并能消除饲料中的抗营养因子，降低胃肠道内容物的黏稠度，促进营养物质吸收；

（3）以 β－葡聚糖酶为主的饲用复合酶，此类酶制剂主要用于以大麦、燕麦为主的饲料；

（4）以纤维素酶、蛋白酶、淀粉酶、糖化酶、葡聚糖酶、果胶酶为主的饲用复合酶。

（七）微生态制剂

微生态制剂指通过利用特定微生物对宿主肠道微生物区系的调节发挥作用的饲料添加剂。按照产品形式和作用机制可分为活菌制剂、灭活菌制剂和酵母培养物。

1. 活菌制剂　又称益生素、生菌剂等。它是一类近年来出现的新型饲料添加剂。益生素是有益微生物及其培养基质的混合物，内含有益微生物，如乳酸杆菌、芽孢杆菌等，并且含有微生物代谢过程中产生的一些生理活性物质等。肉鸡通过直接或间接的途径从母体那里获得微生物，但在现代饲养方式下，肉鸡很难从母体那里获得有益的微生物，因为在现代饲养方式下，母鸡不孵化小鸡，直接由孵化器孵化，雏鸡无法直接接触母鸡，也就得不到有益的微生物，改变了肠道微生物的组成，有害微生物增加，不利于鸡的健康。益生素是将动物体内的有益微生物经过人工筛选培育，再经工业化厌氧发酵生产出的菌剂，是专门用于动物营养保健的活菌制剂，其中内含 10 余种对畜禽胃肠道有益菌。它可以维持肉鸡体内正常的微生物区系的平衡，这些微生物都是有益菌，它们与肉鸡肠道内有益菌一起形成强有力的优势种群，大量增殖，通过竞争机制抑制有害的病原微生物。并且许多菌体本身就含有大量的营养物质，这些微生物被添加到饲料中，可作为营养物质被肉鸡利用，同时许多微生物可产生淀粉酶、脂肪酶和蛋白酶等消化酶，促进肉鸡生长。益生素以天然、无毒副作用、安全可靠、无残留、不污染环境等引起人们关注。

目前已被开发应用安全有效的活菌制剂已逾 50 种，常用的活菌制剂菌种有好气性菌（Toyoi 菌、孢子形成乳酸杆菌、枯草菌、豆豉菌）、厌氧性菌（酪酸梭菌）、乳酸菌（Bifid 菌、乳酸球菌、乳酸杆菌）、曲霉菌（黑曲霉菌）以及复合菌 EM 等。活菌制剂的作用是维持消化道菌群正常、产生消化酶而提高消化功能，增强免疫功能和抗病力、协助机体消除毒素和代谢产物、补充机体营养等。

2. 灭活菌制剂　活菌制剂虽然在某些方面能起到良好的作用，但其本身存在以下几个方面的缺点：一是容易受环境条件的影响而失活，如日晒、水分、酸碱条件等都会影响其活性，降低使用效果；二是一般不耐高温，饲料加工过程如制粒等的高温、压力条件能杀灭大部分活菌，导致活菌制剂失效；三是不耐抗生素，当在饲料中添加抗生素或在治疗疾病使用抗生素时都会抑制活菌制剂发挥作用；四是有些品种的活菌制剂不能抵抗消化道内消化液的杀菌作用，无法定植。灭活菌制剂是针对活菌制剂的上述缺点而被研制出来的。该产品是由经过特殊工艺灭活的嗜酸性乳杆菌的菌体细胞和培养期间分泌的代谢产物组成。

3. 酵母培养物　酵母培养物是酵母菌和培养基的混合物，其中含有酵母细胞及其代谢产物，有些代谢产物有类似抗生素作用，有些则是维生素和氨基酸等营养成分。酵母培养物的作用与活菌制剂的作用有很大不同。第一，活酵母菌在胃肠道繁殖，可改善胃肠道生态结构，抑制潜在致病菌的生长和定植，维持 pH 稳定；第二，酵母细胞壁含多种低聚糖，可作为免疫增强剂，而且其培养物中含有丰富的维生素及其他营养成分，可作为反刍动物瘤胃微生物生长的营养源；第三，酵母产酶能力强，其释放的酶类促进机体对饲料营养物质的消化吸收；第四，酵母培养物能够刺激瘤胃微生物的生长，增加菌体蛋白质的合成；第五，酵母培养物能降低反刍动物瘤胃乳酸浓度，调控瘤胃发酵类型，增强丙酸发酵；第六，酵母细胞壁能吸附有毒物质和病原微生物，从而减少有害物质的产生，提高机体的免疫力，使动物的健康状况得到改善。

（八）其他添加剂

包括增色剂、调味剂等。增色剂一是为了使饲料着色，刺激肉鸡增加采食量；二是为了改善肉鸡的皮肤颜色，提高鸡肉的商品价值；三是能够将蛋黄的颜色由浅黄变为深黄色。常用蛋黄增色剂有叶黄素、露康定、红辣椒粉等。如在每100千克饲料中加入红辣椒粉200～300克，连用15天，可保持2个月内蛋黄深黄色，同时还可促进鸡的食欲，提高产蛋率。调味剂是为了改善饲料的适口性，增加采食量，刺激和促进唾液、胃腺和胰腺等的分泌而添加到饲料中去的。

第二节 肉鸡的营养与需要

肉鸡要完成各种生命、生产活动就要从饲料中获得营养，以补充能量消耗及维持生长的需要。这些营养包括能量、蛋白质、矿物质、维生素和水等。通常鸡比其他家畜体温高，新陈代谢旺盛，生长发育迅速，因而对营养的需要量按相同体重比家畜所需要的多。因此，在鸡的饲养上，给予充足的、合理的营养，是保证它们正常生长发育和高产的前提。

一、肉种鸡的营养需要

1. 肉用种母鸡的能量需要　鸡对能量的需要包括维持的需要和产蛋的需要两部分。对能量需要的衡量单位普遍采用代谢能（千焦）。一只成年母鸡的基础代谢净能为345千焦/千克·$W^{0.75}$。

以 0.80 作为代谢能用于维持的利用率（也有用 0.82 为系数的），则代谢能为 430 千焦/千克·$W^{0.75}$。体重为 2.5 千克的肉用种鸡的代谢能维持需要则为：

$430 \times 2.5^{0.75} \times 1.5$（活动量）$=1282.37$（千焦）$\approx 1282.4$

由于家禽活动量不同，维持需要也就不同。一般在平养鸡基础上增加 50%，笼养鸡增加 37%。

一个重 50~60 克的蛋含净能值 93~377 千焦，一个中等大小的蛋含净能值 355 千焦，代谢能用于产蛋的效率以 0.65 计，产一个蛋约需代谢能 546 千焦。当鸡产蛋率为 80% 时，则产蛋需要能量为 $546 \times 0.8 = 437$（千焦）。若肉用种母鸡还增重，每增重 1 克约需代谢能 12 千焦。因此，2.5 千克体重，产蛋率为 80%，日增重 7 克的肉用种母鸡的各项代谢能总和每天每只约为 1803 千焦。

影响肉用种母鸡产蛋能量需要的因素主要有产蛋率，限制饲养和环境温度等。

2. 肉用种母鸡的蛋白质需要　肉用种母鸡如果饲喂氨基酸平衡的蛋白质，产蛋高峰期每天每只需要 23 克，一般产蛋水平时，每天每只 18~20 克即可满足。NRC（美国饲养标准，1994）规定肉用种母鸡蛋白质需要量为每天每只 19.5 克。生产中应注意氨基酸的平衡，避免粗蛋白质食入过量，每天摄入量 27 克/只，对孵化率有不良影响。实际生产中，补充氨基酸时摄入较少的蛋白质就足够了。饲喂理想的氨基酸混合物时，每天每只摄入 15.6~16.5 克粗蛋白质就足够了。

特定氨基酸需要量，NRC（美国饲养标准）规定肉用种母鸡每只每天蛋氨酸、含硫氨基酸、赖氨酸的需要量分别为 400 毫克、700 毫克、765 毫克。

3. 肉用种母鸡矿物质需要

(1) 钙　肉用种母鸡的蛋壳强度随钙的升高而增加。平养时，每天钙供给量超过 3.91 克，不会进一步提高产蛋量和孵化率。确定钙最适需要量的最佳指标之一是测定蛋的相对密度，相对密度达到 1.08 或以上时孵化率较好。因为肉用种母鸡通常是在蛋壳明显沉积以前的早晨供给饲料，下午补充钙可提高蛋壳质量。如果钙全在下午供给，又会使蛋壳变厚，明显降低孵化率。NRC 规定肉用种母鸡每天钙需要量为 4.0 克/只。

(2) 磷 每天总磷供应量从 532 毫克提高到 1244 毫克不会明显增加产蛋量、受精蛋孵化率或蛋的相对密度（每天每只 163～863 毫克非植酸磷）。喂给 718 毫克总磷（338 毫克非植酸磷）时每天的产蛋数增加。NRC（1994）推荐肉用种母鸡磷需要量为每只每天 350 毫克非植酸磷。

(3) 钠和氯 肉用种母鸡每天摄入量在 154 毫克/只以上，不会再提高产蛋量、饲料利用率、蛋重、受精率以及孵化率。钠摄入量若超过 320 毫克，会降低受精率。NRC（1994）规定，肉用种母鸡每天每只对氯需要量为 185 毫克，钠为 150 毫克。

其他矿物质元素和微量元素对肉用种母鸡研究较少，可参考蛋鸡标准。

4. 肉用种母鸡维生素的需要量 肉用种母鸡和种公鸡的维生素的研究较少，可参考蛋用型产蛋鸡的维生素需要量。

5. 肉用种母鸡对水的需要 肉用种母鸡对水的需要量不确定，与环境温度、相对湿度和日粮的成分以及生长和产蛋率等因素有关。

二、肉仔鸡的营养需要

肉仔鸡的营养有 3 个显著特点，一是要求全价配合饲料，任何微量成分的不足或缺乏都可能出现病态反应；二是要求高能量、高蛋白质水平，只有这样才能取得最高的生长速度；三是要求日粮的各种营养素比例适当，以提高饲料转化率。

1. 肉仔鸡的能量需要 肉仔鸡的一切活动都离不开能量，了解肉仔鸡生长过程中对能量的需要，并精确掌握用于配制日粮的饲料所含的代谢能是养好肉仔鸡的基础。肉仔鸡是一种生长快速的家禽，一般7周龄左右即可上市，平均体重达2千克左右。肉仔鸡饲养一般采用高能量、高蛋白质饲粮，自由采食，以充分发挥其生长速度快的特点，提高饲料效率；反之，会造成生长缓慢，饲料效率降低。肉仔鸡饲养一般分为3个阶段，即0～3周龄、3～6周龄、6～8周龄。美国NRC（1994）三个饲养阶段的能量标准均为13.39兆焦/千克。我国肉仔鸡饲养标准中采用两阶段饲养，即0～4周龄和5周龄以上，日粮代谢能水平为12.13兆焦/千克和12.35兆焦/千克，比NRC低10％左右。但值得注意的是，肉仔鸡营养水平过高，生长太快，往往有不良影响，尤其在饲养管理条件差、环境条件差、通风不良的情况下，肉仔鸡易发生猝死症和腹水症。因此，在生产中要根据饲料原料和成本等情况，适当降低营养水平，使饲料能量水平保持在12.13～13.99兆焦/千克。若代谢能在12.6兆焦/千克之内，采用玉米、豆粕和少量鱼粉加动植物油脂。

2. 肉仔鸡的蛋白质和氨基酸的需要　蛋白质是构成机体的主要成分，是一切生命活动的基础。饲料中蛋白质的含量不足，会严重影响肉仔鸡的增重，降低饲料报酬。

当日粮代谢能为13.39兆焦/千克时，肉仔鸡在3个饲养阶段的日粮蛋白质含量分别为23％、20％、18％。我国肉仔鸡的饲养标准中规定0～4周龄和5周龄以上日粮粗蛋白质水平分别为21％和19％。肉仔鸡对蛋白质的利用率较高，平均为60％左右，前期对蛋白质的要求高于后期。

蛋白质营养实际上是氨基酸的营养，蛋白质由20多种氨基酸组成，其中有些氨基酸在体内不能合成或合成速度较慢，不能满足机体的需要，必须由饲料供给，这种氨基酸叫必需氨基酸。肉仔鸡最重要的必需氨基酸主要是蛋氨酸和赖氨酸。肉仔鸡在3个饲养阶段中日粮蛋氨酸的需要量分别为0.5％、0.38％、0.32％；赖氨酸需要量分别为1.1％、1％、0.85％。其他氨基酸的需要量可见肉鸡饲养标准。研究表明，肉仔鸡日粮蛋白质中必需氨基酸占到以下比例时能取得最佳效益，即精氨酸5％、组氨酸2％、异亮氨酸4％、亮氨酸6％、赖氨酸5％、蛋氨酸2％、胱氨酸1.6％、苯丙氨酸3.2％、酪氨酸3.2％、苏氨酸3.2％、色氨酸0.9％、缬氨酸3.2％。由于饲料中能量水平影响肉仔鸡的采食量，因而也影响日粮的蛋白质水平。但应注意，无论蛋白质水平如何变化，上述氨基酸的比例及种类必须得以保证。

3. 肉仔鸡对矿物质的需要　肉仔鸡所需的矿物质元素有14种以上，即钙、镁、钾、钠、磷、氯、硫、铁、铜、钴、锰、锌、碘、硒等，它们是构成骨骼、蛋壳、羽毛、血液等组织必不可少的成分，对肉鸡的生长发育、生理功能和生殖系统具有重要作用。

(1) 钙、磷　为肉鸡体内含量最多的矿物质元素。99％的钙和80％的磷参与构成骨骼，磷还是消化酶的组成成分，NRC（1994）推荐，肉仔鸡0～3周龄、3～6周龄、6～8周龄日粮中的钙含量分别为1.0％、0.9％、0.8％；非植酸磷含量分别为0.45％、0.35％、0.30％。我国肉仔鸡的饲养标准中规定，0～4周龄和5周龄以上日粮中钙含量分别为1.0％和0.9％，总磷分别为0.65％和0.65％；有效磷分别为0.45％和0.40％。

(2) 钠、钾、氯　对维持机体内酸碱平衡和细胞渗透压有重要作用；氯还参与胃酸的构成，保证胃蛋白酶作用所必需的pH；钠和钾参与神经组织冲动的传递过程。NRC（1994）推荐，钠、氯在日粮中含量前、中、后期分别为0.20％、0.15％、0.12％。实际日粮中需补加氯化钠，一般钾不需要另外添加。

(3) 锰　稻糠、麸皮、苜蓿粉、酒糟等含锰丰富，但利用率低，无机锰盐可以被鸡利用。大多数日粮中含锰不足，且吸收明显不佳。锰分布于体组织中，是骨骼发育所必需的矿物质。肉仔鸡缺锰时，出现腿病，形成"滑腱症"。肉仔鸡对锰的需要量以每千克日粮100毫克为宜，肉仔鸡对锰的最大耐受水平为每千克日粮2000毫克。

(4) 锌　为碳酸酐酶的活性成分，参与维持体内酸碱平衡和在肺中释放二氧化碳。肉仔鸡缺锌时会使其生长受阻，羽毛发育异常，羽毛末端有磨损。腿骨粗短，跗关节肿大，出现皮炎。肉仔鸡对锌需要量为每千克饲料 40 毫克，最大耐受量每千克饲料为 10 000 毫克。

(5) 铁　主要存在于血红蛋白中，参与氧的运输，也是很多酶的成分。肉仔鸡缺铁时，食欲减退，贫血，轻度腹泻，呼吸困难。每千克饲料需要量为 80 毫克，最大耐受量为 1000 毫克。

(6) 铜　肉仔鸡体内铜含量每千克体重为 1.5～2 毫克，主要集中在肝脏。铜参与血红蛋白的形成，是很多酶的成分，与线粒体、胶原代谢及黑色素的形成有密切关系。肉仔鸡缺铜时，出现贫血，抑制生长，骨骼畸形，羽毛脱色，神经病变。肉仔鸡对铜的需要量每千克饲料 5～10 毫克，最大耐受量 300 毫克。

(7) 硒　硒和维生素 E 均可防止渗出性素质病。肉仔鸡缺硒时，胰脏发生纤维变性，使之不能产生脂酸，因而导致甘油酸酯缺乏，因为后者是吸收维生素 E 的必需物质，从而使维生素吸收受阻。硒是谷胱甘肽过氧化酶的组成成分，此酶有抗氧化作用。肉仔鸡缺硒的主要症状是渗出性素质病，心肌损伤，心包积水。饲粮中含硒 0.1～0.2 毫克/千克，就能防止缺硒症的发生。硒是剧毒元素，每千克饲粮含量超过 5 毫克时，肉仔鸡会出现生长受阻，羽毛蓬松，神经过敏，性成熟延迟。肉仔鸡日粮中硒的建议用量每千克日粮 0.15～0.5 毫克。

(8) 碘　碘是构成甲状腺激素的主要成分，参与调节基础代谢。当饲料中缺乏时，可引起肉仔鸡甲状腺肿大，生长变慢。肉仔鸡对碘的需要量每千克日粮 0.35 毫克。

(9) 砷和氟　目前有机砷制剂正以促生长添加剂在动物饲料中应用。肉仔鸡用量每千克饲料 50～100 毫克，但砷是剧毒物质，对人体有致癌作用，而且含砷的粪便会造成环境污染。氟在机体内直接参与骨骼代谢，在一定 pH 条件下，适量的氟有助于钙、磷代谢，使骨骼强度增加，密度提高，但氟过量会导致钙吸收减慢，使骨骼钙化不良，出现骨质疏松、瘫痪、骨折等。目前多见于磷酸氢钙含氟超标造成危害，因此在使用此类产品时一定要慎重。

4. 肉仔鸡对维生素的需要　维生素是维持肉鸡生长发育、新陈代谢必不可少的物质，虽然需要量仅占日粮的百万分之一以下，但具有高度的生物学特性，其营养价值不亚于蛋白质、碳水化合物和矿物质等。包括脂溶性维生素和水溶性维生素两大类。

（1）脂溶性维生素　包括维生素 A、维生素 D、维生素 E 和维生素 K。

（2）水溶性维生素　包括维生素 B_2、烟酸、泛酸、胆碱、维生素 B_{12}。

第三节　肉鸡饲料的科学配制方法

饲料配方的各种营养指标必须建立在科学的标准基础上，能够满足肉鸡在不同生长阶段对各种养分的需求，生产出的饲料应具有良好的适口性，利用率高。按照配方设计的产品应该符合国家有关规定。选料应新鲜，无毒无害，没有霉变和异味的有营养而且价格低廉的原料；严格控制某些含有毒素的饲料原料；充分估计到有些添加剂存在的毒害作用，遵守其使用期和停用期规定。

一、肉鸡饲料类型与应用

1. **全价饲料**　即按营养需要用多种饲料与添加剂配制，并经充分混合的饲料；用户不需添加任何饲料即可直接饲喂，能满足鸡对代谢能和各种营养物质的需求，获得高的饲料利用率和生产力。现时我国许多饲料加工企业生产系列的蛋鸡全价饲料和肉鸡全价饲料，用户可以直接购买用于饲喂。大型蛋鸡或肉鸡养殖场一般均有饲料车间，按该场鸡群的需要生产系列的蛋鸡或肉鸡全价配合饲料。有一定条件的养殖户与专业户，也可自配全价饲料。

2. 浓缩饲料 是由维生素、微量元素、氨基酸、促生长或防病药物等添加剂预混料和含钙、磷的矿物质饲料、蛋白质饲料与食盐等组成，是配合饲料厂生产的半成品。浓缩饲料中，除能量指标外，其余营养成分的浓度很高，一般为全价配合饲料的3~4倍，如蛋白质含量一般为30%~75%，按设计比例的其他成分（主要是能量饲料，如玉米、高粱等）相混合，可以得到或近似得到全价配合饲料。浓缩饲料占全价配合饲料的比例，因动物、配方及目的不同而有很大变化，一般在5%~50%之间，通常情况下占20%~40%。它可以包括全部蛋白质饲料，也可以只含一部分蛋白质饲料，还可以把一部分能量饲料包括在内。在将所占比例较低的浓缩饲料配成全价饲料时，还需补加蛋白质饲料；而用高比例的浓缩料时，只需添加一部分能量饲料。蛋鸡育成鸡（7~20周龄）用浓缩料占全价料的建议比例为30%~40%，产蛋鸡浓缩料相应为40%（含贝壳粉或石灰石粉）或30%（不含贝壳粉或石灰石粉）；肉用仔鸡前期浓缩料占全价饲料的建议比例为30%，后期25%。

3. 添加剂预混合饲料 简称预混料，是一种在配合饲料中所占比例很小而作用很大的饲料产品。由一种或多种具有生物活性的微量组分（各种维生素、微量矿物质元素、合成氨基酸、非营养性添加剂）组成，并将其吸附在一种载体上或用某种稀释剂稀释，并经搅拌机充分混合而成的产品。它是浓缩料和全价饲料的重要组成成分。添加剂预混料在配合饲料中所占比例很小，一般为0.25%~3%，但却是配合饲料的精华部分。生产添加剂预混料的目的是将添加量极微的添加成分经过稀释扩大，使其中的有效成分能均匀地分散在浓缩饲料和全价饲料中，以使蛋鸡或肉鸡采食的每一部分全价饲料均能提供全价的营养，并避免某些微量成分在局部聚集造成中毒。通常，要求添加剂预混料的添加比例为最终产品的1％或更高。若添加比例较低,必须在生产全价饲料前进行第2次预混、扩大,以保证微量成分在最终产品中均匀分布。

除全价配合饲料、浓缩饲料和添加剂预混料外,国内某些小型饲料厂还生产一部分混合饲料,供某些养殖户或农户采用。这是用几种饲料进行简单混合而成的产品,可发挥饲料间部分的营养互补作用,仅能部分满足蛋鸡或肉鸡的营养需要,其饲料利用率和鸡生产水平均较低,但比饲喂单一饲料或有啥喂啥的效果好。

二、肉鸡饲料配方的设计

1. 肉鸡饲养标准 肉鸡饲养标准规定了肉鸡在正常生理状态下,应供给的各种营养物质的需要量,即营养指标。饲养标准是营养学家通过科学试验并结合生产实践得出的,因此只要按饲养标准设计出的配方,就会产生较好的生产效果,但由于肉鸡营养需要受品种、年龄、性别、环境条件、饲料结构等影响,因此不能将饲养标准看成是一成不变的,应该把它作为指南来参考,灵活应用。目前各国都有自己的饲养标准,如美国的NRC标准、英国的ARC标准、西欧标准、日本标准、中国标准等。不同的标准营养指标是有差异的。我国生产中常采用的饲养标准有我国制定的鸡的饲养标准和美国NRC标准,各肉鸡育种公司有推荐营养标准。

在设计饲料配方时,要严格按饲料卫生标准执行,严格控制有害药物和添加剂的使用,作为防止疾病的添加剂,要注意使用无毒副作用和药物残留的微生态制剂等添加剂。

设计肉鸡饲料配方以肉鸡饲养标准或品种专用标准为依据,根据当地的饲料资源及饲养管理条件进行调整。肉鸡饲养标准都是按阶段给出营养水平,我国肉鸡饲养标准将肉鸡划分为2个阶段,即0~4周龄为前期,5~8周龄为后期。美国的NRC饲养标准划分为3个阶段,即0~3周龄,3~6周龄,6~8周龄。生产中一般采用三阶段饲养。

2. 肉鸡常用饲料 肉鸡需要的能量和蛋白质都比较高，一般选择适口性好、消化利用率高、蛋白质和能量均较高的饲料，肉鸡常用的能量饲料是玉米、植物油。蛋白质饲料主要是豆粕和少量的杂粕，如棉子饼粕、菜子饼粕、花生饼粕等，以玉米－豆粕为主的日粮，对于肉鸡而言蛋氨酸是第一限制性氨基酸，赖氨酸为第二限制性氨基酸，因此还需要添加合成的蛋氨酸和赖氨酸。

3. 饲料营养成分表 该营养成分表记录了各种饲料的营养成分及其含量，是我们设计肉鸡饲料配方时选择饲料原料的依据，一般配方时常参考中国农业科学院公布的"中国常用饲料成分及营养价值表"。由于饲料因品种、产地、加工工艺、质量等级等不同，营养成分含量不同。配合出的饲料，其营养成分含量可能有出入。最好的办法是对每一批饲料原料进行化验分析，根据分析结果设计饲料配方。如果没有条件，则参考饲料营养成分表，以最低的营养成分含量设计饲料配方。

4. 价格 设计肉鸡饲料配方时，必须知道目前肉鸡饲料的市场价格。因为设计饲料配方的目的不仅要满足肉鸡营养需要，而且要求是一个低成本的饲料配方，这样才能做到以最低的投入达到最大的产出。因此要了解饲料原料的购入价格及其加工成本。在饲料原料价格一定的条件下，尽量少用价格高的饲料，另外尽量用当地饲料，这样可减少运输成本。采用多种原料合理搭配，一方面使各种饲料原料的营养物质互补，提高饲料的利用效率；另一方面可扩大饲料资源，使一些适口性差、利用率低的饲料得以利用，这样可大大降低饲料成本。

5. 肉鸡的消化生理特点 肉鸡主要靠消化道内分泌的消化酶来消化饲料中的营养成分，其大肠不发达，消化粗纤维的能力有限，因此含粗纤维高的饲料原料不宜添加过量。此外肉鸡生长快，需要的营养多，即肉鸡饲料属于高能高蛋白饲料，要注意使用能量和蛋白质含量高的饲料，一般要添加油脂。肉鸡为能而食,能通过调整采食量来满足自己的能量需要,因此要注意随着日粮能量的变化而调整其他营养成分的含量。

第四节 饲料配合技术

一、粉碎工序

粉碎是饲料加工中最基本的工序。有些饲料原料是粒状、块状,如玉米、高粱等谷类饲料及各种饼粕类饲料,必须将它们粉碎到一定的粒度,才能与其他饲料原料和添加剂混合均匀,也便于畜禽采食与消化。有些原料本身已呈粉状或具有适宜的粒度,如小麦麸、米糠、玉米蛋白质粉、鱼粉等,不必再进行粉碎。

在最简单的饲料机组中,粉碎工序也必须依靠粉碎机来完成。

不论机组如何,对各种饲料的粉碎粒度有一定的要求,常因畜禽种类、年龄而有差别。肉用仔鸡前期配合料(粉料)99%通过2.8毫米编织筛,不得有整粒谷物。1.4毫米编织筛筛上物不得大于15%。要求肉用仔鸡前期配合饲料颗粒料料径为1.5~2.5毫米。肉用仔鸡中后期配合饲料(粉料)99%通过3.35毫米编织筛,不得有整粒谷物,1.7毫米编织筛筛上物不得大于15%,肉用仔鸡中后期配合饲料颗粒粒径要求3.2~4.5毫米,制粒前的粉碎粒度同粉料。产蛋鸡配合饲料全部通过4毫米编织筛,不得有整粒谷物,2毫米编织筛筛上物不得大于15%。

二、配料工序

配料就是采用特定的配料装置,按照饲料配方的要求,对多种不同饲料原料进行准确称量的过程。配料工序是配合饲料工艺的关键,直接关系到产品质量的优劣。若配料不准,将不可弥补地影响饲料产品的质量。配料装置按其工作原理可分为重量式(机械杠杆式配料秤、光学自动秤和电子秤等)和容积式(牵引式、转动式和振动式)两种。配料秤是重量式配料的关键设备,因其称量准确，配料方便，目前大型饲料加工厂均采用。容量式配料是一种连续配料工艺，通过控制单位时间内进料的容量来计量。由于不同饲料原料的容重（单位容积饲料的重量，千克/升）不等，物流流动极不稳定，配料误差较大。

小型饲料机组，可能不带配料装置。计量工作由人工进行。在一些机组中大份额的饲料原料由配料装置计量，但微量的添加剂由人工称量，并加到混合机中。这种情况下要特别注意计量的准确性，一是要有相应灵敏度要求的秤，二是操作者一定要认真细致。有些养殖户不用秤（或没有秤），而是用容器量取大量饲料，大体估计添加剂的添加量。这样配料，配制出的饲料成品可能与配方计算值相差较远，饲喂效果不会很理想。

三、混合工序

混合是将按配方配好的各种饲料原料混合均匀，保证饲料产品中不同原料与不同营养成分（特别是饲料添加剂等微量或超微量成分）分布均匀、质量稳定的关键环节。在全价配合饲料中，一些微量元素与维生素添加量极少，如1吨全价饲料中亚硒酸钠和碘酸钾添加量均在1克以下，要使它们均匀地分布在整个饲料中，必须对其精确称量、粉碎到规定的细度，并进行预混合，而后再添加到全价配合料中，并用混合机进行强力搅拌，才能达到均匀分布的要求。目前，配合饲料加工厂混合畜禽饲料的混合机，一般是卧式螺带混合机，其混合均匀度（以变异系数表示）可达6%～12%。变异系数小，表示混合均匀度高；相反，变异系数大则混合均匀度差。我国国家标准要求成品饲料的混合均匀度为：变异系数不大于10%。

第四章 肉鸡的饲养

第一节 雏鸡的生理特征

一、体温调节功能不完善

雏鸡出壳后,调温能力差,全身着生的都是绒毛,御寒能力很差。初生雏鸡比成年鸡的体温低2℃~3℃,4日龄开始慢慢地均衡上升,到10日龄才能接近成年鸡体温,到3周龄左右,体温调节功能逐渐趋于完善,7~8周龄以后才具有适应外界环境温度变化的能力。雏鸡既怕冷又怕热,而且温度对雏鸡的生长发育和健康有很大的影响。因此,在育雏阶段,必须借助各种方法,为雏鸡提供较高的环境温度,以维持正常的代谢活动。

二、新陈代谢旺盛

雏鸡生长发育迅速,要求饲料营养全价且丰富。雏鸡阶段是鸡一生中生长最快的时期。一般肉用型雏鸡的初生重为40~45克,2周龄增加4倍,6周龄可达32倍。因此,在肉种鸡育雏前期(3周龄以前),要供给充足的优质饲料,以满足幼雏的营养需要,达到标准体重。对肉种鸡而言,在育雏后期,要适当控制饲料给量,以限制雏鸡的过速增重,维持其种用价值。雏鸡代谢旺盛,生长迅速,心跳快,耗氧量大,饲料利用率高,安静时其单位体重消耗氧量与排除的二氧化碳比一般家畜均高出1倍以上。因此,在饲养上要满足营养需要,特别是蛋白质、维生素及矿物质元素的供给,以满足生长发育所需的营养。在管理上要保证环境条件的适合,不断供给新鲜空气。

三、羽毛生长快，羽毛增重快

幼雏的羽毛生长特别快，在3周龄时羽毛为体重的4%，到4周龄时增加到7%。从孵出到20周龄羽毛要脱换4次，分别在4～5周龄、7～8周龄、12～13周龄、18～20周龄。所以在饲养上应供给充足的蛋白质，特别是含硫氨基酸，以保证羽毛正常生长的需要。

四、胃肠容积小，消化能力弱

幼雏的嗉囊和肌胃容积小，储存食物有限，消化功能尚未发育健全，消化道内缺少某些消化酶，肌胃碾磨能力差，需要供给营养全面、纤维含量低、容易消化的饲料，特别是蛋白质饲料要充足。

五、群居性强

雏鸡胆小易惊，和群性强，对外界环境的各种刺激敏感性极强。各种音响和噪声，以及各种新奇的颜色或生人进入，都可能引起鸡群骚乱，影响生长发育。所以，育雏舍应保持安静的环境。

六、免疫系统功能不健全

雏鸡敏感性强，抗病力差，极易感染各种疾病。幼雏对各种病原微生物的侵害无自卫能力，很容易感染各种疾病，在管理上要做到定期接种疫苗，搞好卫生消毒工作，严格控制病原的传播。应注意环境因素对雏鸡的影响，温度过低，尤其在出雏的3天内雏鸡的死亡会达到高峰，经低温环境未死的雏鸡，极易患上各种疾病和传染病。温度过高，短时间内雏鸡可以调节，但长时间内也会引起雏鸡的死亡。应根据不同日龄调整温度。湿度过高或过低都对雏鸡生存不利，因此适宜的相对湿度应在70%～75%。

第二节 育雏前的准备

一、制订合理适宜的育雏计划

根据本场的具体条件制订育雏计划,内容包括饲养雏鸡的品种、育雏时间、数量、饲料营养水平、饲料配方、不同日龄雏鸡的用料量及如何测定生长发育情况等。还要制订出用何种育雏方法、保温措施及免疫、消毒程序等。育雏计划最好用日程表规定下来,以免育雏工作混乱,造成不必要的损失。

二、育雏舍的选址

肉鸡的健康饲养要选择在无污染和生态环境好的场所。通过科学选址,远离交通干道和居民区,周围3千米无工业污染,场外挖防疫沟,鸡场门口设消毒池,鸡舍、道路及设备要经常性消毒。鸡场选址包括肉鸡对产地环境和环境对鸡场的要求。产地环境是指肉鸡周围空间中对其生存具有直接或间接影响的各种生命体和非生命体物质的总和,包括水、大气、土壤地质、生物等自然环境和鸡场建筑物与设备等人为环境。产地环境是实施无公害生产的首要因素,只有产地环境的水、大气、土壤、建筑物、设备符合无公害生产的要求,才能从源头上保证肉鸡健康生长的需要,减少环境对肉鸡生长发育及肉鸡生产的终产品——鸡肉质量的影响。环境对鸡场要求指避免鸡场对环境的污染而对鸡场地址和排污进行的限制。

肉鸡健康饲养要求肉鸡场应建立生产区和生活区,生产区、生活区应分开。鸡舍地面、内墙表面应光滑平整,墙面不易脱落、耐磨损和不含有毒、有害物质,具备良好的防鼠、防虫和防鸟设施。此外,要求所用的设备,如料桶、塑料食槽等须无毒、无害、无药物残留。否则,某些可溶性化学毒物微量溶于水,也可引起肉鸡慢性中毒或出现药物残留。此外,鸡场必须设置废渣的储存设施和场所,采取对储存场所地面进行水泥化等措施,防止废渣渗漏、散落、溢流、恶臭气味等对周围环境造成污染和危害，且排放污染物不得超过国家或地方规定的排放标准。在依法实施污染物排放总量控制的区域内，鸡场必须按规定取得《排污许可证》，并按照《排污许可证》的规定排放污染物。

三、育雏舍的清理、消毒及预温

育雏前应清理栏舍，将舍内的地面、墙壁、顶棚、饮水器和料槽等清扫、冲洗干净，选用广谱、高效、低毒消毒剂进行严格消毒。墙壁可用10％生石灰水刷白消毒，地面用3％～5％苛性碱水消毒。育雏舍按每立方米用50毫升福尔马林和25克高锰酸钾加热密闭熏蒸24～48小时。接雏前2天开始给育雏舍加温，让育雏室温度达到33℃～35℃并稳定在此温度。然后将饮水器加满水，水中加3％葡萄糖。雏鸡到来时让雏鸡先喝到水。要自由采食和饮水，定期刷洗、消毒水槽和料槽。

四、饲养人员的选定

具备一定素质的饲养人员，是一个养鸡场或养鸡户能够获得一定经济效益的关键因素。工作人员要求身体健康，无人畜共患病。有责任心、有技术，可以及时地处理饲养期间的各种技术问题，创造出良好的饲养条件，保证雏鸡的健康生长，减少因技术问题和缺乏责任心带来的经济损失。

五、雏鸡的选择、运输及安置

雏鸡的选择：雏鸡应来源于有种鸡生产许可证，且无鸡白痢、新城疫、禽流感、支原体、禽结核、白血病的种鸡场，或由该类场提供种蛋所生产的经过产地检疫的健康雏鸡。一栋鸡舍的所有鸡只应来源于同一种鸡场。选择的方法在生产中可通过"一看、二摸、三听"的步骤来进行。一看：就是看雏鸡的精神状态。强雏一般活泼好动，眼大有神，反应灵敏，羽毛整洁光亮，腹部柔软，卵黄吸收良好；弱雏一般是痴呆，精神萎靡，眼闭合且无神，有时有黏液粘连，羽毛蓬乱不洁，腹大松弛，脐口愈合不良、带血等。二摸：就是摸雏鸡的膘情、体温及雏鸡的腹部大小和松软度等。手握雏鸡感到温暖、有膘，体态匀称，有弹性，挣扎有力的是强雏；弱雏瘦弱身凉、轻飘，挣扎无力。三听：就是听雏鸡的叫声。强雏叫声洪亮、清脆；弱雏叫声微弱、嘶哑或鸣叫不休、有气无力。

雏鸡的运输：即将初生雏从孵化厂运输到育雏场所，这是一项重要的技术工作，稍有疏忽，就会造成很大损失。因此，对初生雏的运输要特别注意迅速及时、舒适安全、清洁卫生这些基本原则。

运雏工具包括交通工具、运雏箱及防雨、保温等用品。交通工具视路途远近、天气情况和雏鸡数量而灵活选择，运输过程要求稳而快。运输雏鸡有专用的运雏箱（孵化场一般都有供应），材料由硬纸和塑料制成。四边有直径2厘米的通气孔若干，箱内以隔板分隔，防止挤压，箱内可铺软垫料，以减少震动，既能保暖又可透气。注意单位面积的雏鸡数量，标准的运雏箱春、秋、冬季可装100只，夏季装80只。运输有整装式和折叠式，后者较为方便，占面积小。没有专用箱的，也可采用厚纸箱、木箱或筐子代用，但都要留有一定数量的通气孔，内铺2~3厘米厚的软垫料。冬季和早春运雏要带御寒用品，如棉被、毛毯等。夏季要带遮阳防雨用具。所有运雏用具或物品在装运雏鸡前，均要进行严格消毒。

运输途中，注意保温与通气。只注意保温，不注意通风换气，会使雏鸡受闷、缺氧，严重的会导致窒息死亡；只注意通气，忽视保温，雏鸡会受风着凉，容易感冒，易诱发雏鸡白痢病，成活率下降。因此，装车时要注意将雏鸡箱错开安排，箱周围要留有通风空隙，重叠高度不能过高。气温低时要加盖保温用品，但要注意不能盖得过严。运输途中要经常检查雏鸡动态，避免温度过高或过低。若长时间停车时，要经常将各雏鸡箱左右、上下进行调换，以防内层雏鸡闷死。

雏鸡的安置：雏鸡运至鸡舍后应清点记录入舍数量，按性别和饲养小区均匀分群安置,并尽快让雏鸡饮水和开食。放置雏鸡时将每个盒内的死雏、弱雏、残雏留于盒内,统计每笼或舍内实际放入的雏鸡数量及总的死雏数和弱残雏数。将严重的弱残雏淘汰,其余的放置于一个笼或舍内以便于加强管理,促进恢复。雏鸡运到后1～2小时,先喂水,雏鸡娇嫩,对环境不熟悉,行走迟钝。饲养员在鸡舍内走动,务必小心谨慎,免得踏死幼雏,有些小鸡身体较弱,不会饮水,应该人工教饮,以保证雏鸡能够及时地喝到水。

六、饲料、水和药的准备

1. 饲料的准备　饲料应符合无公害肉鸡饲养饲料准则要求。由于肉仔鸡生长速度快,相对生长强度大,如前期生长受阻,后期很难补偿。早期营养来源有两部分,一部分是雏鸡出壳后卵黄囊内携带的卵黄,另一部分是来自于饲料。饲喂雏鸡的饲料要求新鲜质量好,并按饲养标准配制全价饲料。

雏鸡选用颗粒料饲喂较好。干喂粉料,采食较难,干喂便于机械送料,喂前不必调理,节省劳力,也不容易腐败,需要保证充足的饮水。颗粒料是由全价混合料加上黏合剂后,经高温挤压后制成的。用颗粒料避免鸡的挑食,雏鸡喜食颗粒料,增加了采食量,鸡能获得全面营养,而且颗粒料在加工的过程中经高温,减少了饲料中的部分病原,可节省饲料和减少某些疾病,同时颗粒料也便于储存和加工。据实验证实,颗粒料比粉料的转化率高2%～5%,体重增加5%～10%。雏鸡发育均匀;由于鸡无牙齿,饲料要靠肌胃中的沙砾磨碎才能消化,从7日龄开始每周有一天按1000只雏鸡饲喂5000克沙砾,要求沙砾干净,不溶解,不被传染的病原菌沾染。

雏鸡的饲料养分要求高些,营养全面而易消化,最好按其营养需要现用现配,以保证饲料的新鲜,一次配料,不应超过3天的用量。以免饲料中的养分被氧化损失或霉变结块。饲料要根据饲养的数量、品种的要求在进雏前准备好,避免因中途缺料而改变饲料配方影响鸡的生长发育，育雏期每只鸡约需雏鸡料3千克。

2. 水的准备　水是肉鸡机体的组成部分，也是肉鸡营养物质代谢的基础。水在调节鸡的体温，输送营养物质，排出代谢废物上起着重要的作用，因而新鲜、清洁的饮水对于肉鸡生长尤为重要。水源要求清洁无污染，对饮用水进行消毒处理，达到农业部颁布的《无公害畜禽饮用水水质》标准，使饮用水感官性状及一般化学指标达到要求。由于河溪、湖泊和池塘等地面水含有多种微生物和病原菌，不宜直接给肉鸡饮用，只有经过净化处埋后达到国家规定的卫生标准才能使用。

3. 药品及疫苗的准备　免疫用的疫苗及常用药物和消毒药等须准备好。结合本地区流行病学特点，制定可靠的免疫程序，同时加强管理，预防为主，减少疾病发生，防疫、治疗符合肉鸡饲养兽医防疫准则和肉鸡饲养兽药使用准则。消毒剂应选择符合《中华人民共和国兽药典》规定的高效低毒和低残留的消毒药。

七、严格执行防疫和免疫制度

肉鸡场应根据《中华人民共和国动物防疫法》及其配套法规的要求，结合当地实际情况和肉鸡生长的不同阶段，有选择地进行疫病的预防工作，选择适宜的疫苗、免疫程序和免疫方法。

1. 防疫　肉鸡场的卫生和防疫是至关重要的。无公害肉鸡饲养管理防疫要求包括防止人员传播疾病、防止动物传播疾病等防疫工作，搞好卫生和消毒，实施免疫接种和疫病监测。结合本地区流行病学特点，制定可靠的免疫程序，同时加强管理，预防为主，减少疾病的发生。

2. 免疫　在肉鸡短暂的一生中，要维持较高的生产性能，必须通过免疫的方式让鸡群产生抵抗力。肉鸡饲养管理要求免疫接种应执行肉鸡饲养兽医防疫规程中免疫接种的规定，结合当地实际情况，有选择地进行疫病的预防接种工作，并注意选择适宜的疫苗、免疫程序和免疫方法。

八、建立生产记录档案

生产记录档案包括进雏日期、进雏数量、雏鸡来源、饲养员、日期、肉鸡日龄、死亡数、死亡原因、存栏数、温度、湿度、免疫记录、消毒记录、用药记录、喂料量、鸡群健康状况、出售日期、数量和购买单位。

第三节 育雏的方式

传统肉仔鸡的饲养大多采用地面平养方式，但随着人们消费观念和饮食习惯的改变，决定了优质肉鸡的饲养方式，今后的方向以散养和放牧饲养为主体。在管理方面对整个饲养周期的工作进行程序化操作，规范化管理，符合肉鸡饲养饲料使用准则和肉鸡饲养管理准则。

1. 平面育雏　按舍内地面类型又可分为以下3种形式：

（1）垫料育雏　指把雏鸡饲养在铺有垫料的地面上，垫料厚7厘米，经常更换，以保持舍内清洁温暖。根据供暖方式不同，又可主要分为以下几种：

①保温伞育雏　即用一种外形似伞状的保温器育雏，保温器的热源可用电热丝、煤油、液化石油气或煤火炉等。容纳鸡只数根据保温伞的热源面积而定，一般为300~500只。其优点是：可养育较多幼雏，雏鸡可自由在伞下进出选择适温带，换气良好，育雏效果好。缺点是育雏费用高，电热伞余热很少，需另设火炉等加热设备升高舍温。

②红外线灯育雏　即利用红外线散发的热量育雏。灯泡规格为250瓦，使用时可成组连在一起，悬挂于离地面45厘米高处，舍温低时可降至33~35厘米。随着雏鸡日龄增长逐渐降温，由第二周起每周提高灯头7~8厘米，直到离地面60厘米高为止。此法在舍内应有升温设备，最初几天须将初生雏限制在灯光下1.2米直径的范围内，以后逐日扩大。用红外线灯育雏，优点是

保温稳定,舍内干净,垫料干燥,雏鸡可自由选择合适的温度,育雏率高。缺点是耗电量大,灯泡易损耗,成本高。

③火炕育雏 即靠火炕供温,把雏鸡饲养在炕面上,用烧火大小调节育雏温度。其优点是舍温稳定,雏鸡脱温安全,不受电的控制,育雏成本低。缺点是应密切注意雏鸡的反应,不能过热或过凉。人力耗费较大。

④火炉育雏 即靠火炉供温。在育雏舍内,每15平方米搭设一个火炉,用煤作燃料,以炉火大小调节育雏温度。其优点是育雏设备简单,不受电的控制,育雏成本低。缺点是需要在夜间加煤添火,调节室温,因而昼夜温差难以控制。还要注意舍内适当通风,防止舍内一氧化碳浓度过高引起煤气中毒,导致雏鸡的死亡。

表4-1 平养饲喂、采食和饮水面积

	母鸡	公鸡
饲养面积	10~8 羽/米^2	10~8 羽/米^2
圆形料桶	20~30 羽/只	20~30 羽/只
水槽	1.5 厘米/羽	1.5 厘米/羽
乳头饮水器	10~15 羽/只	10~15 羽/只

(2)网上育雏 将雏鸡饲养在离地面50~60厘米高的铁丝网上,其网眼为1.25厘米×1.25厘米。这种育雏方式可节省大量垫料,而且雏鸡不与粪便接触,可减少疾病的发生和传播。网上育雏的供暖方式有热水管、热气管和热风管等。

2. 立体育雏 立体育雏又叫笼育,即将雏鸡饲养在分层的育雏笼内。育雏笼一般分3层,采用叠层式排列。其优点是:充分利用鸡舍建筑面积;育雏保温比较容易,节省保温供热成本;雏鸡不接触粪便,减少球虫病的发生。其缺点是:投资较大,要建造鸡笼或鸡笼的支架。

第四节 肉种鸡饲养管理

肉种鸡的饲养管理是影响其生产性能、种用价值及经济效益的关键。因此要根据各肉鸡品种的特点和要求,抓好育雏期、育成期以及产蛋期的合理限制饲养,使鸡群达到匀称的体形,适时开产,并具有较高的产蛋率、受精率,以生产更多的优质仔鸡。

一、雏鸡的饲养管理

1. 雏鸡的饲养　饲养管理是家禽饲养中的重要一环,这一环节对肉鸡的肉质影响很大。育雏期的饲养管理是整个饲养生产过程的关键,不论哪种饲养方式,都要抓好育雏阶段的饲养管理。雏鸡的饲养要点为:

(1) 初饮　雏鸡的第一次饮水叫初饮,且初饮不可断水。雏鸡进入育雏舍休息1小时后开始饮水。开始有的鸡不会喝水,应把鸡嘴按入水中,教会5%的鸡会喝水。头5天的饮水用冷开水或纯净水,水中可加入葡萄糖或电解多维类添加剂,即加入8%葡萄糖和1克维生素C,水温18℃~20℃为宜。不能添加药物和药物饲料添加剂,特定情况下添加药物和药物饲料添加剂必须符合《无公害食品——肉鸡饲养兽药使用准则》的要求。应每天更换新鲜的饮水,每天刷洗、消毒饮水设备,消毒剂建议用百毒杀、卤素、漂白粉等符合《中华人民共和国兽药典》规定的消毒药,消毒完后用清水清洗饮水设备。5天后改用清洁冷水。水的质量应符合畜禽肉产地环境要求畜禽饮水质量。

(2) 开食　第一次给雏鸡喂料叫作"开食"。一般认为在雏鸡出壳后16~24小时开食较好,并在饮水后2~3小时,当雏鸡中有2/3的个体有觅食行为后,就可开始喂食。过早开食,会引起消化不良。过晚开食,会消耗雏鸡体力,也会造成消化不良,影响生长发育,增加死亡率。用玉米粉或全价料拌湿(含水30%)均匀撒在已消毒的开食盘或垫纸上,面积愈大愈好,以便让更多的鸡尽快学会吃料。为了使初生雏易于见到和接触到饲料，要求室内增加光照亮度和温度，放置的饲料便于雏鸡采食。笼育时先将雏鸡放置在较为明亮、温度较高的上两层；在底网上铺报纸，撒上饲料，或每笼放一浅盘，盛满饲料，上面再撒一层非常细碎的黄玉米粒，同时笼门外的料槽也盛满饲料。

用粒状的饲料作为开食饲料时，喂两三天后，就要逐渐加喂一定数量的配合好的饲料，以满足雏鸡正常生长发育的需要，5天以后，就可以全部改换成配合饲料，并用饲料槽饲喂。

饲料槽和饮水器位置要恰当，防止饲料浪费，或者有些雏鸡吃不到，使鸡群生长发育不均匀。饲料槽和饮水器的高度要随鸡长大而逐步提高，饲料槽边顶的高度保持与鸡背平行。放饲料的厚度以料槽深度的 1/3～1/2 为宜，不宜放得过满，饲料槽过低或饲料过满是浪费饲料的主要原因，雏鸡的饲料营养价值高，减少浪费即能降低成本。

在高温季节要采取有效的降温措施，加强午后较清凉时及夜间饲喂，如果采取下午饲喂和晚上熄灯前再饲喂，能使雏鸡获得相对多的采食量，并能较快地增加体重。这是因为在午后较凉快，夜间气温较白天低，采食量自然增加，而且，上午限量饲喂后，使鸡产生饥饿感。这样做虽然会使饲料报酬有所下降，但可以获得理想的体重。

2. 雏鸡的管理

（1）环境控制

①温度　温度是育雏的首要环境条件，也是育雏的关键。1日龄时，雏鸡需要的温度应达到32℃～35℃，每两天降1℃，每周降2℃～3℃，5周后降到22℃～25℃，降温过程要平稳，还应根据鸡的体质、生长发育状况、季节与温度变化趋势而定。育雏温度是以鸡群的状态为标准。合适的温度使鸡表现安静。温度适宜与否，可通过观察雏鸡的动静而得知，如温度过高时，雏鸡就会远离热源，张开翅膀，伸出头颈张嘴喘气，且呼吸急促，发出

吱吱的叫声，寻找舍内凉爽、风较大的地方，特别是远离热源、沿墙边和饮水器的地方。饮水量增加而且会甩水使全身湿透。热应激会导致脱水和死亡率高，饲料消耗量降低，群体中出现矮小综合征，均匀度变差。

温度过低，小鸡会拥挤在保温伞下，并发出叽叽叽的叫声，因聚集成堆，在下层的鸡可能被压而窒息死亡。雏鸡最初几天受凉，死亡率会逐渐增加，还可能感染沙门氏菌，生长速度和均匀度均会受到影响，而且日后容易患腹水症。

温度适宜，雏鸡分布均匀。雏鸡活泼好动，吃食、饮水都正常，粪便也正常，羽毛有光泽，晚上安静伸脖休息。

②湿度　一般情况下，相对湿度不如温度要求的严格，可在极端情况下或与其他因素共同作用时，可能对雏鸡造成很大危害。当湿度过高时，则引起雏鸡食欲下降，羽毛松乱，精神沉郁，并利于真菌和球虫的繁殖，注意防止高温高湿和低温高湿。

进雏第1周经常带鸡消毒或洒水，可以提高湿度，湿度保持在60%~70%，有助于羽毛的发育；第2周稍微偏低，第3周湿度控制在50%，以后保持自然湿度，有助于减少呼吸道疾病。冬天空气过度干燥时，可以通过喷雾消毒增加湿度，可取得一举两得的效果。一般单纯的湿度问题没有多大的意义，但要特别关注，在不同的温度下，温度和湿度之间的平衡关系。

③通风换气　科学、适当的通风是必要的。对于自然通风的鸡舍，打开天窗只是向外排出有害气体，开窗户才是向舍内换进新鲜空气，二者不可相互取代，舍内空气要对流才起到通风的作用。通风时要看风向，迎风面开小些，背风面开大些，避免冷风直接吹到鸡的身上。通风能影响鸡舍的温度、湿度，降低空气中有害气体（氨气、硫化氢等）的浓度。有条件的应安装机械或自动化通风系统。夏季要加大通风量，增加空气流速，但要注意防止贼风。冬季通风不宜过大。冬季气温低于10℃时应注意防寒保温，夏季气温超过30℃时注意防暑降温，平时注意通风，保持舍

内空气新鲜。

④光照 光照对雏鸡的生长发育是非常重要的,1～3日龄每天可光照23小时,有助于雏鸡饮水和寻食;2～10日龄每天减2小时光照至每天8小时光照时为止;22周龄增至10小时;24周龄增至12小时;26周龄增至14～16小时。

光照应遵守的原则:在育雏阶段,前3天采用强光,以防止各种恶癖的发生;育雏期光照时间只能减少,不宜增加;补充光照要稳定,以免造成光照刺激扰乱而失去作用;密闭式鸡舍黑暗时间避免漏光。光的颜色以红色或白炽光照为好,能防止和减少啄羽、啄肛、殴斗等恶癖发生。

光照强度:第1周是让鸡熟悉环境,可用较强的光照,一般光照强度为20勒克斯或5.4瓦/米^2。第2周后通过减少灯泡的功率或数量将光照强度减至2.5～5勒克斯或0.6～1.2瓦/米^2,以防止啄癖,影响雏鸡的生长。具体应用时每15平方米鸡舍在第1周用60～100瓦灯泡悬挂于离地2米高位置,第2周开始换用25瓦的灯泡即可。监测光照强度可采取在鸡背高度放一张报纸,人以正常距离能看清字为宜。

(2) 饲养密度 合适的饲养密度,有利于雏鸡的生长发育,也有利于提高鸡群的均匀度和成活率。应随日龄的增加,降低饲养密度,在育雏期内,可在断喙、接种疫苗的同时,调整鸡群的密度,并将强弱分开饲养。

饲养密度过大,鸡群拥挤,采食不均,从而影响雏鸡的均匀度,体重差异较大,弱雏增多;饲养密度大,还会造成饲养环境条件恶化,雏鸡抵抗力差,容易感染细菌性疾病和球虫病。雏鸡的饲养密度,因饲养方式的不同而异。

(3) 断喙 断喙一般在雏鸡7～8日龄进行,断喙前后1天在饮水或饲料中适当添加包括维生素K在内的复合维生素,以减缓应激,加速伤口的愈合。断喙前空腹半天,以便断喙后立即采食,有助于喙的愈合。断喙用温度要适当,断喙和灼烫时间约为

3秒钟。断喙要求切去上喙部1/2,断喙后喙缘距鼻孔约2毫米。断喙鸡群必须确保无疾病,否则应推迟进行。

(4) 实行全进全出的饲养制度　肉鸡场还要求实行全进全出制,即全场同时饲养同一日龄的鸡苗,同时出栏。这种饲养制度简单易行,优点很多。这样在饲养期内便于管理,易于控制温度和湿度,便于机械作业。出场后便于彻底清理、消毒,切断病源的循环感染,防止不同日龄肉鸡产生交叉感染。消毒剂建议选择符合《中华人民共和国兽药典》规定的高效低毒和低残留的消毒药且必须符合NY5035的规定。熏蒸消毒后密闭一个星期,再养下一批雏鸡。保证了鸡舍的卫生与鸡群的健康。同一养禽场注意不能饲养其他禽类,以免交叉感染。因为其他禽类可能是病原的携带者,本身虽然不发病,但可能将疾病传给肉鸡。这种制度比在同一鸡舍里饲养几种不同日龄的鸡同时存在的连续生产制,增重快、耗料少、死亡率低。

(5) 公母分群饲养　不同性别的肉鸡营养需要不同,应针对其各自的营养需要合理地调配日粮,以减少饲料的浪费和污染。肉鸡生产谋求生长效率,由于公鸡和母鸡的生长速率有相当的差异,营养需求也就不同,给予不同的营养配方,可以大大提高饲料的营养利用率。

公母分饲,统一群体中个体差异小,均匀度高,便于机械化加工,可提高产品的规格化水平,且增重快耗料少。分开饲养可以按照公母不同的生理特性,公鸡生长速度快,应喂给公鸡高蛋白日粮,前期日粮蛋白水平可提高到25%。为了促进公鸡羽毛的生长,可以使公鸡舍的温度下降快一些,多用一些质地松软的垫料,减少胸囊肿的发生率。从经济效益考虑,公鸡9周龄后生长速度开始下降,耗料增加。母鸡生长速度慢但沉积的脂肪多,前期的日粮蛋白能量水平可以降到21%,羽毛生长快舍温应降慢一些。

(6) 环境卫生

①废弃物的处理 对鸡场产生的粪便、污水、死淘鸡等进行无害化处置。污水采用高位低渗加杀菌剂处理；废弃物进行发酵，并添加除臭增肥调理剂，制成颗粒有机肥，作为花果蔬菜的专用肥料；对于鸡场环境通过大面积绿化，改善环境，调节大气质量符合标准。

②鸡场的卫生 鸡场卫生是非常重要的，清洁卫生是控制疾病发生和传播的有效手段，包括鸡舍卫生和鸡场环境卫生。鸡舍卫生即清除舍内污物，房顶粉尘、蜘蛛网，保持舍内空气清洁。环境卫生指定期打扫鸡舍四周，清除垃圾、撒落的饲料和粪便。鸡舍周围15米内要铲除杂草，地面都要进行平整和清理，设立"开阔地"，不种蔬菜谷物以杜绝鼠类或昆虫入侵鸡舍，如滋生杂草要经常铲除，防止蚊虫滋生，给鸡传播疾病。场区内不得堆放任何设备、建筑材料、垃圾等，防止野生动物和鼠类繁衍。饲养场院内、鸡舍要经常投放诱饵灭鼠，因为鼠类容易传播疾病和污染饲料。此外还要灭蝇，舍内灭蝇选择诱饵而不是杀虫剂，诱饵投放在鸡群不易接触的地方，舍外灭蝇可采用喷洒杀虫剂，灭蝇、灭鼠药应选择符合农药管理条例规定的菊酯类杀虫剂和抗凝血类杀鼠剂类高效低毒药物，死鼠和死蝇须进行无害化处理。

③雏鸡舍的消毒 舍内带鸡消毒，即往鸡身上直接喷洒药物的一种消毒方式。该方式由于要考虑消毒药对鸡群的影响，选择使用国家最新允许使用的高效低毒或无毒、低残留或无残留及广谱的兽药。不能使用国家明文规定停止使用或有争议的药品。兽药的使用应严格按药物的使用说明控制用量和保证停药期。带鸡消毒要求每2天1次，免疫期前后2天不做，要轮换使用不同的消毒药。

④环境的消毒 环境消毒是为控制环境中的有害病菌而采取的一种往鸡舍四周环境以及地面喷洒药物的方式。育雏舍要经常消毒，尤其是育雏前期和疫病流行期间，一般每天1次喷雾消毒。喷雾前要调高舍温避免喷雾后温度降低过多，而且喷雾量不

宜过大,以免造成低温高湿。雏鸡常用的喷雾消毒药物有:过氧乙酸、碘制剂和季铵盐等。环境中有机物多,不需考虑腐蚀性,因而消毒药可以选用杀毒效果强且低毒或无毒的消毒药,如氢氧化钠、生石灰、新洁尔灭等。环境消毒每2周最少1次,还要定期更换消毒池和消毒盆中的消毒液,以免过期失效。

(7) 观察鸡群 观察鸡群是饲养管理中极为重要的一个环节。饲养员应对雏鸡进行细致的观察,只有这样才能随时掌握鸡群的情况,及时采取有效的管理措施,保证鸡群的正常生长发育。

①鸡群的精神状态 健康的雏鸡活泼好动,眼睛清亮有神,羽毛干净整齐有光泽,叫声清脆、响亮。有时互相追逐、欢叫,当饲养员进入后紧随其后,此时鸡舍内环境适宜,鸡群健康。如果鸡只分散不均匀,呆立一角落,不喜动,眼睛无神有时有黏液粘连,反应迟钝,叫声微弱,说明是病鸡,或舍内环境不适宜,此时应及时采取相应的措施。

②采食和饮水 健康鸡雏食欲旺盛,采食急切。病雏或弱雏则呆立一旁或偶尔啄食,没有食欲。若全群发病时,采食量明显减少。雏鸡的饮水量突然发生变化,往往是鸡群出现问题的征兆。若鸡群的饮水量突然增加,而且采食量减少,则可能是有球虫、传染性法氏囊等病发生了,或者饲料中盐分含量过高等。及时发现情况及时采取措施,以减少雏鸡的死淘率。

③观察排泄物 观察排泄物是及时地发现疾病有效进行治疗的方法之一。可以在每天清晨刚开灯后或刚清粪便后观察;正常的粪便应该是灰白色,上面有一层白色尿酸盐(盲肠粪便为褐色,且黏稠),稀稠适中呈卷曲状。拉稀或颜色发生改变则是患一些疾病的标志。如鸡白痢时,为白色稀粪且经常黏附于泄殖腔周围;患球虫病时,粪便为红色;患一些呼吸道疾病和一些病毒病如鸡瘟、霍乱等时,往往排白绿色稀粪等。若发现粪便异常,应及时拿去解剖,确诊疾病,进行治疗。

④听声 要注意鸡群的声音,尤其在熄灯以后,周围安静下来,此时更易听到鸡舍内的异常声音,当鸡群患有呼吸道疾病时如慢性呼吸道疾病或支气管炎时常发出咯咯声;传染性鼻炎常打喷嚏;发出呼噜声时则是新城疫的症状等。如发现异常,要马上检查,及时治疗。

二、育成鸡的饲养管理

育成期是指从育雏结束到开产前之间的饲养阶段,一般是7～23周龄,处于这个阶段的鸡叫育成鸡。育成期又分为育成前期(7～17周龄)和预产期(18～23周龄)。育成鸡的生理特点是:羽毛已经丰满,具有健全的体温调节能力和较强的生活能力,对环境的适应能力强;生长迅速,发育旺盛,特别是各类器官发育完成,功能趋于健全,此阶段长骨骼肌肉最多,但体重增长速度随日龄增加而渐趋下降,脂肪沉积随日龄增加而渐渐累积,育成的中后期生殖系统开始发育至性成熟。此阶段的饲养管理重点是控制体重和均匀度,使种鸡同时达到体成熟和性成熟并适时开产,为培育高产的种用鸡群打下良好基础。

1. 育成前期的饲养管理 严格控制鸡群体重,确保鸡群良好的均匀度和健康状况,以期达到适时性成熟的种鸡群。

(1) 分群或转群 育成舍的清理参见育雏舍清理办法。如果育雏育成同舍饲喂,不存在育成舍的冲洗消毒和转群,只需对饲养密度进行调整和分群。为保持鸡群的健壮整齐,应把病弱残疾挑出,淘汰病残鸡;弱小的鸡要单独饲喂,并采取措施使之逐渐赶上全群的生产水平。坚持全进全出制饲养肉鸡,同一禽场不能饲养其他禽类。

(2) 环境要求

①温度和湿度 育成期适宜的温度为 $18℃～21℃$,当舍内温度超过 $27℃$ 或低于 $16℃$ 时,会影响鸡的饲料报酬率和生长发育,应进行温度调节。育成期适宜的湿度标准是 $55\%～65\%$。

②饲养密度 饲养密度不仅决定肉鸡的运动量大小,更重要

的是关系到采食和饮水的均匀度以及通风换气等环境因素。为利于鸡群均匀增长,要提供充足的饲喂面积,使所有鸡只同时吃料。足够的饲喂面积可使饲料分布均匀,防止饲喂器周围过于拥挤。提供充足的饮水面积,使绝大多数鸡只能够随时饮水。安装饮水设备,要保证鸡只在3米范围内能饮到水。

③光照 在饲料营养平衡的饲养条件下,光照对育成期鸡的性成熟起到重要作用。育成期光照时间以每天 8~9 小时为宜,光照强度以 10 勒克斯为宜,若出现啄癖时可减弱到 $1\sim2$ 瓦/米^2。育成期可逐渐缩短光照时间,切忌逐渐增加光照时间。育成鸡光照时间过长,会导致母鸡性成熟提前,开产早,蛋重较小,蛋合格率低且会早衰,产蛋持久性差,死亡率高。反之,若光照时间过短,会延迟性成熟。因此,育成期要制定科学的光照程序并严格执行。

a. 密闭式鸡舍 密闭式鸡舍光照不受自然季节变化的影响,光照时间、强度等完全靠人工控制,育成期光照普遍采用 8 小时的恒定光照到 17 周龄,17~20 周龄每周增加 1 小时,到育成期末达 12 小时,直到进入产蛋鸡舍。也可在雏鸡第 1 周光照 23~24 小时的基础上,从第 2 周起每周减少 50 分钟,20 周龄减到每日光照 8 小时。

b. 开放式鸡舍 在开放式鸡舍饲养育成鸡,利用自然光照。不同季节的自然光照时数不同,4 月初到 9 月中旬孵出的小鸡,整个育成期间均采用自然光照。9 月中旬到翌年 3 月底孵出的小鸡,就取这段时间内白天最长这一天的光照,作为整个育成期的光照时数,或者以 9 月中旬到 3 月底的最长白天时间为基础,冬天光照不足时,人工补充光照到规定最长白天那一天的光照时数,持续至 18 周。逆季鸡群从 12 周龄开始不要减少光照时间,从 8 周龄起,每 2 周减少光照 0.5 小时,进入产蛋期再逐渐增加光照,每周增加 0.5 小时,直到 16 小时为止。

(3) 限制饲喂 育成期肉种鸡自由采食就会过重过肥,过肥的母鸡产蛋性能就会下降，过肥的公鸡精液品质不佳并影响交配能力。为了使育成鸡能在最适当的周龄达到性成熟，除受遗传因素和光照影响外，必须采取限制饲喂，控制性成熟。肉用种鸡最理想的成熟时期是24周龄开产，25周龄产蛋率达5%，30周龄进入产蛋高峰。限制饲喂不当，会出现过早22周前，或过晚27周后开产。过早开产，蛋重小，高峰不高，产蛋数量少；过晚开产，蛋重虽大，但产蛋数量少，都不经济。同时限制饲喂还可降低育成成本。

①限饲方法 主要分限质、限量和限时3种方法。

一是限质法即限制饲料的营养水平，饲喂低能量或低蛋白，甚至低氨基酸的配合饲料，通过低营养水平达到限制生长，控制体重的目的。此法使用时营养水平可以降低，但营养成分必须平衡。

二是限量法即限制饲料数量，一般按自由采食量的70%以上饲喂，此法应用普遍，但要求饲料营养全价，质量好，尤其要求鸡数和饲料量准确。

三是限时法即限制喂料时间，此法又可分成每日限饲、隔日限饲和每周限饲。每日限饲是每天喂给一定数量的饲料，或规定饲喂次数和采食时间，对鸡应激小，适于幼雏转入育成期前2~4周和育成鸡进入产蛋舍前3~4周时应用；隔日限饲是将2天的规定料量在1天投喂，喂料后停料1天。此法限饲强度大，适于生长速度较快，难以控制的阶段，如7~11周龄。另外，体重超标的鸡群或阶段也可采用，但注意2天的饲喂量总和不能超过高峰用料量。

每周限饲包括五二饲喂法、四三限饲法、六一限饲法等。

五二饲喂法指在1周内5天喂料，2天停料。每个饲喂日喂1周料量的1/5，为每天喂料量的1.4倍。一般在周二和周日停料。此法限饲强度较小，一般用于12~19周龄，也适用于体重没有达到标准的或受应激较大的鸡群，以及承受不了较强限饲的鸡群；四三限饲法是在1周内4天喂料，3天不喂料的方法，适于

7~14周龄的雏鸡采用。六一限饲法是将1周的饲料分到6天饲喂，1天停料。

以上3种限饲方法，一般都不单独使用。在生产实践中，各个鸡场可按本场的实际情况确定育成鸡的限饲方法。

②限制饲喂方案　目前多采用五二限饲法和隔日限饲法。但是两种方法都要保证鸡群每周体重有均衡的增长。每周内抽检10%的鸡数称重，与标准体重比较，以确定给料量。具体原则是在给料日不至于采食过量。为了避免或减少鸡采食过量而导致胀死，在停料日的第2天中的料量要分2次供给，即早晨开灯后给一半的料量，在3~4小时后再给另一半的料量。停料日要保证清洁饮水的供应。

③限制饲养的管理要点　第一，限饲前，必须严格挑出病鸡和弱鸡，按体重分成大、中、小三大群以便于限饲。限饲的基本依据是体重，从第3周末开始，每1~2周在固定时间，随机抽取鸡群的2%~5%进行空腹称重，每次称重后计算出平均数。当鸡只体重高于标准体重时，可暂停增料，但不能减料，直到与标准体重一致后，再增加料量。称重必须准确无误，存栏鸡数一定要准确，认真填写每日记录。第二，保持限饲鸡群的整齐度。整齐度指鸡只体重大小的均匀程度，通常以平均体重±10%范围以内鸡只占全群的比例表示。一般要求整齐度在75%~80%以上，这样的鸡群开产整齐、产蛋高峰来得快、平稳、保持时间长。为了提高鸡群的整齐度，要定期称重，及时调群，但调出鸡数与调入鸡数应相等。第三，有足够的槽位、水位料槽和水槽摆置均匀，给料时采用一次性快速投料法，即将全天或两天的料一次性在短时间内将整个鸡舍全部投完。使所有个体都能同时采食，防止饥饱不均。第四，密度要适宜，以6~22周龄8~10只/米^{2}较为适宜，密度过大易产生啄癖；如果垫料和地面过于潮湿，接种疫苗或患病时，应暂停限饲。对个别过于瘦弱、冠萎靡、无精神的鸡，应单独饲养。第五，8周龄开始补喂沙砾。每只鸡每周4.5

克，装在吊桶或投入料槽，任鸡自由采食，每周只喂1次，1次喂完。沙砾不仅能提高鸡的消化能力，而且还可避免肌胃逐渐缩小。第六，限饲与光照相结合。通过光照的时数和强度，调节开产时间，使其体成熟和性成熟同步。第七，每日限饲、隔日限饲和每周限饲等程序可以交替使用。在某些情况下，可以不断改善鸡的体重使其均匀并保证鸡能在24～26周龄达到性成熟。限饲进行中，若鸡群发病或处于其他应激状态等，应停止限饲，改为自由采食，待恢复正常时再继续限饲。第八，正确计算料量及准确称取料量。随着鸡群日龄的增大，每周应持续稳定增加料量，切勿采取一整周大幅度加料而下一周料量无任何变化。炎热天气时，应选择在一天最凉爽的时间里进行发料（以上午6～7时为宜），要经常仔细观察鸡群的采食时间的长短，以便及时发现潜在问题。

（4）限水程序　限制饲养阶段，鸡群通常会在空腹情况下饮水过多，引起腹泻使垫料潮湿。潮湿的垫料容易引起鸡球虫病、肠道疾病和腿病等疾病的发生。因此，有必要采用限水程序保证垫料质量。

限水方案：

①非饲喂日　冬天，每天给水4～5次，每次45分钟；夏季，每天给水4～5次，每次给水1小时。

②饲喂日　喂料前约1小时开始给水，吃完料后1～2小时停水。另外再供水3次，每次30分钟。注意每天在鸡舍关灯之前给最后一次水。当天气炎热时（舍内温度达28℃以上），鸡群有病或发生其他应激时应不予限水。

（5）均匀度的控制　要想获得健康、高产的鸡群，就必须狠抓鸡群的均匀度。均匀度高，说明种鸡群发育均匀，有较为一致的体成熟和性成熟度。这样的种鸡群上产蛋高峰快，峰值产蛋率高，且健康状况良好。生产实践证明，均匀度每增减3%，每只入舍母鸡产蛋数相应增加或减少4个左右。

①均匀度的计算方法　体重均匀度一般用某个体重范围内的鸡只数占总抽样数的比例来表示。称重时，抽样要有代表性。选鸡前在鸡舍来回走动，使靠墙边的鸡只活动并离开墙角，以便使鸡群抽样更为准确，不要只称取鸡舍角落或料箱周围的鸡只。所有捕捉围栏内的鸡只都要称重，切勿舍弃其中太大或太小的。根据鸡群规模，抽取1%~3%的母鸡和5%的公鸡进行称重，鸡群规模较小时，需要增大抽样比例，抽样数目最小不得低于50只。称重时要选择精确度高的量器，最小刻度以10克或20克为宜。

②均匀度的标准　鸡群的均匀度在不同的饲养阶段会有所变化，因此对不同日龄鸡群均匀度的要求和衡量标准是不同的。通常鸡群4周龄时的均匀度基本上与16~18周龄时相同，12周龄时均匀度最低。一般要求种公鸡在育成期末要比母鸡体重高出30%，均匀度在80%以上。这样培育出的种公鸡在第25周可以达到与母鸡性成熟的一致性，也能够发挥出良好的繁殖性能。

（6）垫料管理　稻壳、刨花垫料要求干净，无土块、铁丝、石块等杂物。垫料厚度保持在7~10厘米。要注意保持垫料松散，不潮湿、不结块。除鸡舍正常通风外，每天需翻动垫料2次，及时清除潮湿结块的垫料，以免鸡只发生脚垫、胸囊肿及垫料产生氨气影响鸡群健康。如果垫料过干，引起舍内尘土飞扬时，要给垫料直接洒水加湿。垫料上的鸡毛每2天清扫1次。

（7）腿病控制　在正常免疫程序条件下，肉种鸡腿病主要是创伤引起的葡萄球菌性关节炎。本病始发于6周龄左右，可延续至20周龄以上，严重时死淘率可高达20%，是种鸡育成期主要问题之一。控制方法如下：

①加强饲养管理，减少应激，消除一切可能发生的外伤因素；

②加强垫料管理，不能使垫料过湿、板结、过硬或含有尖锐物；

③严格棚架管理，保持干燥，做到不断裂、无钉尖、无

毛刺；

④随时调整料线、水线高度，减少种鸡跨越料线、水线时对趾部的损伤。

(8) 公、母分开饲养　公、母鸡分开饲养是近年来国内外积极推行的肉用种鸡的饲养方式。具体指生长期（0～20周龄）内公、母鸡分栏（栋）饲养，在繁殖期（21～66周龄）公、母鸡同栏饲养分槽饲喂的方式。

公、母种鸡同栏分槽饲喂具体方法：

①公、母种鸡在18～20周龄内转入产蛋鸡舍　公鸡要比母鸡提早4～5天转入，目的是使公鸡适应料桶和新鸡舍环境。20周龄后开始实行公、母种鸡分槽饲喂。

②采食用具　母鸡用料槽，槽上装有防栖栅格，格宽12～45毫米，只要公鸡的头伸不进去，而母鸡的头能伸进采食即可，最初可能有发育较差，头较小的公鸡暂能采食，待到28周龄后，公鸡完全不能利用母鸡的料槽采食了；公鸡用料桶，桶下的料盘装有格或无格均可。将料桶吊高距地41～46厘米，随公鸡背高调整高度以不让母鸡够着，公鸡立起脚能够采食为原则。

③料槽放置　种鸡舍内2/3漏缝地板，1/3是地面垫料，母鸡的料槽和饮水器放在两侧的漏缝地板上，公鸡料桶吊在两个饮水器中间，这样放置便于公母鸡采食和饮水。

④要有足够的场地和料位　让公鸡在同一时间内都吃到饲料，每个料盘可供8～10只公鸡采食。

⑤公鸡的饲料喂量　原则是在保持公鸡良好的生产性能情况下，尽量少喂，喂量以能维持最低体重标准为原则，但不允许有明显失重。一般规律是公鸡喂料量的高峰应在23～24周龄，比母鸡喂料高峰27～28周龄，早4周时间。同时，23～24周龄要注意观察公鸡有没有性行为（配种），若没有或很少见到，同时公鸡膘情不好，则每天每只公鸡应增加1.5～2.0克饲料，喂料时，每个料盘要加料相等。

公、母鸡分开饲喂,应注意公鸡性成熟要与母鸡同步。要通过调整饲养密度、饲喂量,尤其是光照时间和光照强度等措施来控制性成熟,以免混群饲养后因公鸡性成熟早而母鸡未达到性成熟,出现公鸡踩踏母鸡,使母鸡出现受伤现象;反之,如果公鸡未达到性成熟,易造成受精率低下。

2. 预产期的饲养管理 种鸡从育成到产蛋之间的过渡阶段至关重要,产蛋前期要继续增加营养,既要满足鸡只的生长、生殖器官发育的需要,又要为产蛋开始和持续生产做好储蓄准备。

18~23周龄是肉种鸡由生长期向产蛋期转变的过程,此过程即为预产期。要饲养好这个时期的肉用种鸡,须注意两点:一是不能突然改变饲料和急速增加饲料喂量,要逐步过渡;二是为了提高产蛋率和种蛋合格率及减少饲料浪费,对鸡仍要进行适当限饲控制种鸡体重,保持种用体况。

(1) 转群 肉鸡最好在18周龄前完成转群工作,以便使鸡尽早熟悉环境。过迟易使部分已开产的鸡停产,或使卵黄落入腹腔引起卵黄性腹膜炎,使鸡群不能适时达到应有的产蛋高峰,使整个产蛋期的产蛋量受到影响。在上笼前或上笼的同时应接种新城疫油苗、减蛋综合征苗及其他疫苗。入笼后最好进行1次彻底的驱虫工作,对体表寄生虫如螨、虱等可用喷洒药物的方法,对体内寄生虫可内服丙硫咪唑20~30毫克/千克体重或用阿福丁(虫克星)拌料中服用。转群、接种前后在料中应加入多种维生素、抗生素以减轻应激反应。转群工作如何将直接影响到鸡群能否适时开产,必须严密筹划和全面安排。

进鸡前要消毒好蛋鸡舍及鸡笼,蛋鸡舍的供料、照明、通风等系统能正常运转,准备充足的水和饲料。转群后要使鸡尽快吃到料,喝到水,喂饱以后再关灯,使鸡群尽快平静下来。

转群时,由于生活方式突然发生剧烈变化,对鸡影响很大。因此,须注意以下几个方面:

① 停料 后备鸡转出前6个小时应停料,让其将料吃净,如

剩料不多，应及时转出，以免鸡挨饿。在转群前2～3天和入舍后3天，饲料内增加各种维生素1～2倍和饮电解质溶液。

②捕捉　转群最好在清晨或晚间进行，转前要对鸡群进行清理和选择，淘汰不合标准的次劣鸡。密闭式鸡舍捕捉时要把灯关闭，或留1～2个灯泡，尽量降低照度，以免惊群。在捉、放鸡时务必轻拿轻放。一般捉腿，不能捉翅膀、头、颈，防止骨折。

③运输　在运输过程中，不能使鸡受热、受凉。运输时间也勿过长，以防断料断水。后备鸡舍与蛋鸡舍如相距较近，可用人工提两条腿直接转入蛋鸡舍。

④转群　前后1周不要接种疫苗，以免增加应激。

(2) 预产期饲养要点　要根据实际情况调节鸡体增重，将发育正常或超重鸡群饲喂量每周控制在160克之内，发育不良的调至160克以上。从18周起由育成料改为育成—产蛋过渡料（预产料18～23周）。

①育成期的鸡一般都采用"隔日限饲"，从第20周龄开始，应改为每日限饲，以减少鸡群的应激和稳定鸡只的新陈代谢，适应产蛋的需要，同时根据营养需要，改换产蛋前饲料（除含钙量略低于产蛋期鸡饲料，其他营养和产蛋期鸡相同）。在日粮转换过程中，开始仍需继续执行育成期的限制饲养方案，逐步过渡，一般在"停喂日"开始正常地每天饲喂；

②在23周龄时，由于体重急速增加，应开始增加种鸡的采食量，用1周的时间使母鸡达到饱食程度；

③从第24～25周龄起应让母鸡增加饲料，有的采用自由采食，饲料应转化为种鸡日粮。产蛋后称重鸡只应由2%减少到1%，尽管饲喂量是按产蛋量高低而定，但24周龄后，体重仍是一个有价值的饲料用量参考。

转化饲料量是根据鸡群在第24周末（不能迟于25周）达到5%母鸡日产蛋率制定的。如鸡群成熟提早或延迟，方案应相应修改。须注意的是：气候变化会使饲料消耗量发生变化。气温每下降1℃，鸡需要增加1％饲料，反之气温每上升1℃，要减少1％饲料。

（3）预产期管理要点

①管理措施　应将改变饲料和光照两者的转换结合起来。鸡群管理措施的转换工作要按时、按顺序进行，这是很重要的。

②临产前管理　临产前，平养鸡舍内要准备好产蛋箱，饲料更换为种鸡料，其营养标准为：代谢能11.71兆焦/千克，粗蛋白质16％～18％。光照时间逐渐增加而不能减少。初产阶段应逐渐增加光照时间至14小时/日为止。随着产蛋率的上升，逐渐增加饲料量。

③创造舒适的环境　产蛋鸡最适合的温度是13℃～23℃，冬季最好能保持在10℃以上，夏天最好能保持在30℃以下。保持室内空气流通，防止各种噪声。保持环境和喂料、饮水、光照等的稳定性。

④搞好疫病防治工作　防疫、治疗符合肉鸡饲养兽医防疫准则和肉鸡饲养兽药使用准则。鸡入笼后在饲料或饮水中投加抗生素，如诺氟沙星、环丙沙星、庆大霉素等，每4～5周投药1周，以预防大肠杆菌病、沙门氏菌病、肠炎等；定期在料中额外添加1倍的多种维生素，以适应鸡的产蛋需要和减轻各种应激反应，提高对各种疾病的抵抗力；加强卫生管理，执行合理的免疫程序，坚持带鸡消毒和环境消毒制度，防止疫病传入。密切注意产蛋率的上升幅度是否符合标准，密切注意外界环境对鸡群的影响。

三、产蛋期饲养管理

产蛋期可分产蛋前期、产蛋高峰期和产蛋后期3个时期。产蛋期的饲养管理好坏与种鸡的生产性能有直接的关系。产蛋鸡的饲养方式可采用地面平养和离地饲养（网上平养和笼养），地面平养选择刨花或稻壳做垫料，垫料要求一定要干燥、无霉变，不应有病原菌和真菌类微生物群落。

1. 种母鸡产蛋期的饲养要点

(1) 补充钙质　从开产前7天开始让种鸡自由采食某种形式的碳酸钙。不要在此之前饲喂，因为过早饲喂往往会降低产蛋量。当种鸡达到5%产蛋率1周后，取消自由采食碳酸钙。大部分钙应以正确的比例混入粉料中饲喂，其余的应以碎贝壳形式喂给。

(2) 试探性增减喂量　产蛋期的饲喂量主要依据产蛋情况来决定。产蛋量高，则饲喂量多。正常饲养管理条件下，产蛋高峰通常在32～38周龄出现。当初产母鸡产蛋上升停止时，可以用试探的方法探明是否达到产蛋高峰。方法是每100只鸡再加喂230克饲料，一直喂到第四天时观察产蛋率。如果产蛋率有所增加，则按增加的饲喂量喂下去；如果无反应，须马上恢复到原来的饲喂量，以防浪费饲料和营养过剩造成体重过大。当鸡群产蛋量下降时，也可按此法增加饲喂量刺激。在高峰期间要避免进行接种、驱虫、分群等会造成骚扰鸡群的操作，以防引起鸡群发生应激。

当鸡群产蛋高峰过后，产蛋率呈现正常的下跌，此时可试探性地减少饲喂量，每只鸡每天减少2.5克，即每1000只鸡每天减少2.5千克。到第四天观察，若发现产蛋量下降的速度加快，须马上恢复原来的饲喂量，以免降低生产性能；如果处于正常的产蛋下跌，则维持到减料的饲喂量，以节省饲料。以上两种方法可以重复使用，但应激时不能使用。此外要保持鸡群的高产稳产，必须稳定饲料的种类和饲料的营养成分，即使是同种饲料，产地或品质不同，也会影响产蛋率。如果饲料搭配不均匀，虽然饲料配方比较合理，也会影响产蛋量。

(3) 产蛋高峰过后饲料　肉鸡产蛋高峰过后，随着产蛋量的下降，应逐渐减少饲料量，通常39周龄每日145克/只，42周龄每日140克/只，直到64周龄每日降至135克/只。产蛋后期饲养要点：

①适当增加饲料中钙和维生素D_3的含量　产蛋高峰过后，

蛋壳品质往往很差，破蛋率增加，在每日下午3～4点钟，在饲料中额外添加贝壳沙或粗粒石灰石，可以加强夜间形成蛋壳的强度，有效地改变蛋壳品质。添加维生素 D_3 能促进钙、磷的吸收。

②适当添加应激缓解剂　年龄较大的鸡对应激因素往往变得特别敏感。当鸡群受应激因素影响时，可在每千克饲料中加入维生素C 1毫克，以及加倍剂量的维生素 K_3，可以有效地减缓应激。

③在饲料中添加 0.1%～0.15% 的氯化胆碱　此方法可以有效地防止产蛋鸡肥胖和产生脂肪肝，因为胆碱有助于脂肪的运转。

④保持充足的光照　每日光照时间应保持 16～17 小时，光照强度 15～20 勒克斯，可延长产蛋期，提高产蛋率 5%～8%。

2. 种公鸡产蛋期的饲养要点

（1）公鸡对能量和蛋白质的需要量　繁殖种公鸡的营养需要量比种母鸡低。低蛋白日粮对维持公鸡的正常体况有利，尤其是对于肉用型种公鸡更是如此。在实践中，如果种用期采精频率较高，建议采用 12%～14% 的蛋白质日粮，氨基酸平衡的，无须再加任何动物蛋白质饲料。

若蛋白质过高，易造成公鸡血液中酮体急剧增加，酸中毒明显发生，从而消耗血液补偿蛋白质的碱性代谢和减少体内维生素含量。并由于酸中毒而破坏钙、磷代谢，出现软骨病以及"痛风"等症状，从而降低精液品质和授精能力。

（2）对钙、磷的需要量　根据研究报道，繁殖期种公鸡钙用量在 1.0%～3.7%，磷 0.65%～0.8%，均未见对繁殖性能有不良影响。在实践中建议的钙用量为 15%。

（3）对维生素的需要量　目前各种育种公司和饲料公司提出的种鸡维生素需要量均高于 NRC（第8版）标准的 2～10 倍，故在实践中应适当调整种公鸡维生素用量。综合各研究资料，建议繁殖期的维生素用量范围为：每千克饲粮中维生素 A 为 10 000～20 000 国际单位，维生素 D_3 为 2000～3850 国际单位，维生素 E 为 20~40 毫克，维生素 C 为 0.05~0.15 克。

3. 产蛋期管理要点

（1）产蛋期的管理方式　肉用种鸡以"两高一低，板条、垫料混合"的管理方式较为普遍，即沿种鸡舍长轴靠墙的两侧 2/3 的地面架设漏缝板条（或由竹条钉成），1/3 地面铺垫料。板条床距地面高 60 厘米，肉鸡可在板条上栖息、采食和饮水，粪便掉在板条下面，每个产蛋期清理 1 次，管理方便省工，有 1/3 铺垫料的地面又便于种鸡配种，保证较高的受精率。肉用种鸡不宜网养，因肉鸡体大，网养既不便于配种，也易压伤胸部。为降低设备成本，肉用种鸡也可用全地面铺垫料平养，但采用这种方式，应注意垫料的管理，防止潮湿、板结，应及时加厚或更换。注意加强舍内通风，以保持空气新鲜。

（2）适宜的密度　育成鸡和产蛋鸡分开饲养时，应于 20~21 周龄及时转群，以便鸡只在开产前有充足的时间熟悉新的环境，减少应激反应，保证适时开产。全地面垫料平养每平方米容鸡 4~5 只，板条床面与地面垫料混合平养每平方米可容 5~6 只。收容过密则影响垫料质量和舍内空气，以至影响鸡的健康与产蛋。

（3）料槽位置　不同的品种有不同的要求，但基本要求在喂料时所有的鸡只都能同时吃上料。现代饲养的重型肉种鸡，每只最少要有 10~25 厘米的采食位置。如用饲料传送机喂料，每只鸡要有 10 厘米的采食空间；如果用饲料吊桶喂料，每 100 只鸡要有 5 个大型吊桶。料槽或吊桶的高度应与鸡背高度一致，以保持饲料的清洁和防止浪费。喂料设备要在整个鸡群内分布均匀。为了防止杂菌的繁殖，料槽或吊桶每周要进行清洗消毒。每只鸡的饮水空间不少于 2.5 厘米，要求饮水清洁卫生，水槽每天清洗 1 次，每周消毒 2~3 次。

（4）环境控制　种鸡舍环境控制的基本要求是，温度适宜，地面干燥，空气新鲜，以保持肉用种鸡的健康和高产。产蛋鸡舍的理想温度为 15℃~25℃，相对湿度以 55%~65% 为宜。产蛋鸡呼吸量大，而且采食量大，排泄多。因此要加强通风换气，夏季通风换气量可达 7 米^3/小时。

四、种蛋管理

1. 种蛋质量　可作孵化用的种蛋，其质量必须符合以下要求：

（1）重量不低于 53 克，不高于 70 克；

（2）洁净；

（3）蛋壳色泽良好；

（4）形状正常（椭圆形）。

2. 有效种蛋消毒程序　是生产优良种蛋的前提，集蛋后应立即进行熏蒸消毒，消毒浓度为每立方米 21 克高锰酸钾和 42 毫升的福尔马林，消毒时间为 20～30 分钟，室温在 22℃～26℃，湿度在 75％～85％之间。消毒后立即转入清洁的仓库中保存。

3. 种蛋的贮存

（1）贮存温度为 18℃～20℃，相对湿度为 75％～80％的环境中，使用增湿器控制蛋库湿度，但不可弄湿地面；

（2）贮存种蛋应大头向上；

（3）保持蛋库清洁，每周用消毒剂擦洗蛋库顶棚、墙壁和地面。

第五节　商品肉鸡的饲养管理技术

一、饲养方式的选择

优质肉鸡的饲养方式主要采取地面平养、网上平养和笼养。地面平养必须铺有垫料，垫料应选择吸水又透气的材料。其优点是经济实惠。缺点是鸡群直接与粪便接触，易于感染疫病。球虫病是一典型例子。

网上平养是在各种网面上，如铁网、木板网、塑料网等。其优点是通过粪便传染的疫病得到有效控制。缺点是胸囊肿、腿病发生率增高。

笼养是多层的网上平养。优点是饲养密度更大，占地面积更省，易于饲养管理。缺点是资金投入大。

确定饲养方式应根据各地具体情况，采取不同的方式。也可以分段饲养，如前期采用笼养，后期改为垫料平养，可节省资金，同时效果良好。

二、进雏前的准备工作

（一）鸡舍的选择

鸡舍应建在地下水位低，地面干燥易于排水的地方。要避开居民区与主要交通要道，人员车辆往来不能过于频繁，但又要相对交通方便。应选择在有利于隔离防疫，又便于交通运输的环境中。同时必须具备充足的水源和供电便利的地方。水的质量要与人的饮用标准相同。

通常鸡舍应坐北朝南或稍向东南，并处于上风口位置。在采用自然通风的情况下，鸡舍的窗户面积（采光面积）在东北地区应小于建筑面积的1/3。

（二）接雏鸡前的准备

鸡舍应在雏鸡到达前1周消毒完毕，前两天开始升温，使鸡舍内的温度升至要求的温度（32℃～35℃），在寒冷地区或寒冷季节要提前一天开始预温，以保证在雏鸡到达时鸡舍内温度达到理想温度。

将消毒好的饮水器、饲喂器等用高锰酸钾溶液进行彻底清洗，在雏鸡到达前2～3小时之内上水（凉开水），使水温与室内温度相同。

根据具体面积来确定养殖数量，网上平养30只/米^2，地面散养15只/米^2，笼养50只/笼。以后根据鸡群密度确定每平方米鸡数。

接雏时首先数好箱数，每3箱一摞，抽查几箱鸡数，以确保进雏数量，并对其中的弱雏进行单独饲喂。

三、商品肉鸡的饲养管理

本着先饮水后开食的原则进行饲喂。当雏鸡饮水完毕后2~3小时开食。开食过早或过迟对雏鸡的生长发育都不利,一般掌握在雏鸡出壳后16~24小时内开食比较理想。

1. 饮水　在鸡群入舍前2个小时,在饮水器中加入含蒽诺沙星0.1克/千克的凉开水,幼小喂药,改混料喂药为饮水投药,1~4日龄时连续饮服。可预防各种潜在疫病的发生。

初生雏鸡绝不可直接喂饮凉水,这样易引起腹泻。最好饮用温开水,无条件时也可将饮水放入舍内进行预温后再饮用。育雏期要求24小时不断水,确保雏鸡随时可以饮到水。

2. 投料　开食后的前3天每天上6遍料,每遍称出每日饲喂量的1/6均匀搅拌,以抓一把不成团自然散开为宜,水分不宜过多否则易引起雏鸡糊肛。在开食时每只鸡按1~2克量饲喂泡过的小米或碎大米也是防止糊肛的好方法。第1周每日7~8克/只,第2周开始自由采食。0~4周龄用育雏料,5周龄后用成鸡料。

3. 温度　在购买鸡雏时,种鸡场都会给用户推荐一个适宜的育雏温度。优质鸡的育雏温度从32℃~34℃开始,每2~3天降低1℃。21天育雏结束后,要根据外界温度来决定是否供温。

在北方地区冬季天气寒冷,气温低,光照时间短,耗料量增加,这是一个必须正视的问题。所以在冬季采取保温措施十分重要。对于开放式鸡舍应注意门窗的密封工作,防止西北风直接吹入舍内。对于密闭式鸡舍应注意通风换气。最好利用白天上午10点至下午2点的时间进行换气。同时在舍温低于12℃时应适当增加供暖设施。

4. 光照　饲养优质商品肉鸡光照程序并不复杂,它要求舍内光线分布均匀,照度不要太大,只要能看见饲料就行。前2天光照23小时,第3天开始至出栏,光照时间应为当地年内最长光照时间(一般为15小时)。

第六节 生物安全及绿色环保生产

一、生物安全

(一) 安全措施

家禽饲喂的成功与否,最大威胁来自于禽病,随着集约化生产的日益发展,饲喂密度逐渐增加,生物安全措施日显重要。

(1) 鸡群淘汰后,用水冲湿整个屋顶和侧墙,有助于清粪时减少灰尘,清除垫料及鸡粪至少搬至离鸡场1千米以外地区。用高压水枪冲洗,消毒鸡舍内部,料仓及所有的设备(注意:冲洗鸡舍内的各个死角;保护好电器设备,以免进水短路);

(2) 鸡舍清理后,空舍时间越长越好;

(3) 所有需进入鸡场人员必须要淋浴,更换干净的工作衣帽,每个鸡舍门前须设置消毒盆和清洗刷;

(4) 淋浴分为两个区域:清洁区和污染区,以免交叉感染;

(5) 尽可能不让外来车辆进入生产区,本场车辆因实行定期消毒制度;

(6) 鸡舍巡逻:察看不同日龄的鸡群时,应先走访青年鸡群、后走访老龄鸡群,先看无疾病的鸡群,后看有病的鸡群,有传染性疾病时,必须迅速采取隔离措施;

(7) 采用"全进全出"的程序,即一栋鸡舍或几栋鸡舍、一个区域,最好整个鸡场为同一日龄的鸡群。

(二) 水质要求

1. 入舍前检查 雏鸡入舍前要检查并确保整个饮水系统正常运作,鸡舍空闲时,饮水系统易出现污物及杂质的堵塞。在雏鸡进入前,应再次消毒:将全部饮水系统排放干净,使用高氯化物的水冲洗整个饮水系统,确保雏鸡能饮用清洁水。

2. 饮水消毒 开放式饮水系统,确保远端含氯为3毫克/升,乳头饮水器为1毫克/千克,水质要经常化验,确保水中大肠杆菌数不超标。

3. 注意饮水　饮水免疫前48小时及后24小时，停止氯化物在水中的使用。

（三）免疫

（1）为保证鸡群的健康，免疫程序必须根据本地区本场的实际需要制订，免疫程序须经常审验；

（2）免疫程序一旦制订，必须认真执行；

（3）疫苗使用应按生产厂家的说明正确储存和实施，并正确记录免疫日期、类型、次数、生产厂家、产品批号及失效日期；

（4）饮水免疫前48小时，后24小时，供水系统中无任何氯化物、药物等化学制剂；

（5）疫苗稀释后应在2小时内全部用完，饮水免疫要确保鸡群在半小时内喝完所有含疫苗水；

（6）应设专人保管疫苗。

（四）球虫控制

一套行之有效的球虫免疫程序是球虫抗体产生的主要因素，不论使用球虫疫苗，还是抗球虫药都应遵循生产厂家的说明去做。使用球虫疫苗时，确保饲料中无抗球虫药。

1. 饲养环境无污染　我国最新颁布的《无公害农产品管理办法》中明确规定，无公害鸡肉产地应当符合下列条件：

（1）产地环境应符合无公害农产品产地环境的标准要求　产地环境要求包括：选址与设施、畜禽饮用水和大气环境、消毒要求等。要求生产环境无工业"三废"污染，无畜禽病原体污染和无生活垃圾污染，经有资质的检测机构监测，生产区内水质及空气质量指标符合国家相关标准要求。产地环境是无公害畜产品生产的先决条件。

（2）区域范围明确　即产地区域范围内的气候、生态环境等符合所养畜禽良好生长发育的需要，是养殖该种畜禽的适宜区。产地要树立标示牌，标明范围、产品品种和责任人。

（3）具有一定的生产规模　即要求畜禽养殖具有形成一定批量产品的生产规模，以有利于建立产品统一的标准和方便样品的抽取和监测。

2. 使用绿色无公害的饲料和饲料添加剂　饲料及饲料添加剂是无公害鸡肉生产的最关键因素。要想获得无公害的鸡肉产品，首先要选用无公害的绿色饲料和添加剂来饲养肉鸡。

绿色无公害饲料，广义上是指用天然植物及动物原料加工而成的无污染、营养全面均衡、适口性良好、有利于保证畜禽健壮生长发育并生产出优质肉、蛋、奶产品的饲料。而绿色饲料添加剂则是指无污染、无残留、抗病、促生长的天然添加剂。

饲料原料中含有饲料添加剂的应作相应说明。制药工业副产品不应作为肉鸡的饲料原料。饲料中使用的营养性饲料添加剂和一般性饲料添加剂产品应是《允许使用的饲料添加剂品种目录》所规定的品种，或取得生产产品批准文号的新饲料添加剂品种。

饲料中使用的饲料添加剂产品应是取得饲料添加剂产品生产许可证的正规企业生产的、具有产品批准文号的产品。饲料添加剂产品的使用应遵照产品标签所规定的用法、用量使用。肉鸡配合饲料、浓缩饲料、精料补充料和添加剂预混料中产品成分分析保证值应当符合标签中所规定的含量，肉鸡配合饲料、浓缩饲料和添加剂预混料中不应使用违禁药物。饲料加工过程应符合有关规定。

3. 防疫药剂的安全性　在解决饲料的问题后，肉鸡的疫病，尤其是群发性疫病的防治就成为肉鸡养殖中最重要的问题。某种程度上说，肉鸡群发性疫病防治的成败，往往是决定肉鸡养殖成败的关键之举。肉鸡饲养者应加强饲养管理，采取各种措施增强机体自身的免疫力，作好预防，防止发病和死亡，及时淘汰病鸡，最大限度地减少化学药品的使用。必须使用兽药进行鸡病的预防和治疗时，应在兽医指导下进行。应先确定致病菌的种类，以便选择对症药品，避免滥用药物。所用兽药应符合《中华人民共和国兽药典》、《中华人民共和国兽药规范》、《兽药质量标准》、《进口兽药质量标准》和《兽用生物制品质量标准》的有关规定。所用兽药应产自具有兽药生产许可证并具有产品批准文号的生产企业，或者具有《进口兽药登记许可证》的供应商。所用兽药的标签应符合《兽药管理条例》的规定。使用兽药时，应符合兽药使用准则。

4. 严格科学的技术操作规程和管理　畜产品的质量在很大程度上取决于企业的管理水平和履行相关标准和技术规范的情况。企业既是被管理者，又是具体生产、流通环节中的具体管理措施的实践者。这就要求企业必须严格执行各项管理规范，在企业中建立切实、有效的质量管理体系，制订各项管理制度，加强从业人员的培训，使企业质量管理水平达到无公害畜产品的生产要求。

二、绿色环保生产

（一）提供优质饲料

饲料作为家禽生长的物质基础，其质量直接影响到家禽产品质量，因此，选择饲料须贯彻"饲料安全即是产品安全"的思想。饲料供给必须与家禽生理需要一致，从营养和饲料配方上保证家禽的健康体质，以及家禽的免疫力和对疫病的抵抗能力。饲料中可以添加无残留、无毒副作用的免疫调节剂和抗应激添加剂，以控制疾病的发生，但不得添加防腐剂、开胃药、兴奋剂、激素类药、人工合成色素，以及禁用的抗生素、安眠镇静药等。饲料原料应使用绿色食品及其副产品，避免玉米、豆粕等原料中含有霉菌毒素及农药残留。

（二）良好的饲养环境

1. pH值　正常的鸡舍内，氨气的浓度不应超过20毫克/升，舍内氨浓度高时，不仅对家禽的健康危害极大，而且也影响肉的品质，如舍内空气中氨浓度达到25毫克/升时，会使鸡的肌肉中碱值提高，这种肌肉表现为含水率增高，色素下降而变得灰白，可食度与鲜味均会下降。

2. 温度环境　温度会影响鸡肌体脂肪和水分的含量，一般温度升高，禽机体的脂肪百分比增加，而机体的水分含量降低。据报道：生长在12℃环境中的肉鸡比生长在28℃环境中的肉鸡体脂肪含量低2.3%，且肉味较好。

3. 光照　光照是舍内小气候的因素之一，对肉仔鸡生产力的发挥有一定影响。光照可促进鸡的性功能活动，使性成熟早，母鸡体内脂肪增加而达到早肥，有助于改进鸡体的质量；公鸡提早性成熟，则有利于在早期进行去势，易于育肥。暗室育肥的优点是使鸡处于安静的环境中，能量消耗明显降低，有利于脂肪的合成，鸡的表皮更为细嫩。合理的光照有利于肉鸡的增重，可节省照明费用，便于饲养管理人员工作。过去一般采用24小时/日连续光照。有人研究认为，采用间歇光照法，肉鸡的生长速度快，而且死亡率低，饲料报酬高；国外研究表明，光照强度采用弱光照制度，雏鸡增重快，死亡率低。

4. 温度、湿度与通风　在高温高湿的环境下，肉鸡较易发生胸囊肿症，严重影响肉的品质。良好的通风可以排出舍内水分、氨气、尘埃以及多余的热量，为鸡群提供充足的新鲜空气，保持鸡体健康，提高饲料转化率。通风不良、氨气浓度大时会使鸡群表现精神不振，活力下降，采食量减少，生长速度降低，甚至影响疫苗的免疫效果，严重时会造成肉鸡中后期腹水症增多。第2~4周时通风换气不良，有可能增加鸡群慢性呼吸道疾病和大肠杆菌病的发病率。中后期的肉鸡对氧气的需要量不断增加，同时排泄物增多，必须在维持适宜温度的基础上加大通风换气量，此时通风换气是维持舍内正常环境的主要手段。

（三）饲养方式与集约化饲养相比较

放牧饲养由于畜禽的活动量大、消耗能量大，而且由于放养而摄取的无机盐充足，其骨质和肉质较硬实，味道较浓。饲养密度与养好肉鸡和充分利用鸡舍有很大关系。密度过大，室内空气不好，且鸡群易挤压在一起相互抢食，体重发育不均，影响饲料报酬，还易发生啄癖；密度过小，鸡舍利用率低，成本高。

（四）科学用药，控制药残

肉鸡饲养中不合理用药、滥用药的现象特别严重，不但使养鸡成本增高，而且还增加了肉鸡及其产品中的药物残留，特别是抗生素和抗球虫类药物。在选用药品时，应选用那些毒性小，在体内残留时间短的药品，并在兽医部门正确诊断和指导下用药。在肉品生产时，一定要加强疫病控制，并做好用药记录，计算休药期，宰前7天停止使用一切药物。清楚药物允许使用范围，建立一个完整的安全保障体系。用药过程严格遵守使用药物种类、剂量、配伍、期限及停药期，严禁使用违禁药物或未被批准使用的药物；不得使用氟醛诺酮类、四环素类、磺胺类和人类专用抗生素等；在使用药物添加剂时，应先制成预混剂再添加到饲料中，不得用成药或制药原料直接拌料饲喂。

（五）建立严格的卫生消毒制度

消毒应是全方位的，不但要重视鸡舍小环境进鸡前的消毒，还要重视对鸡场大门口、鸡舍进出口、水源及场内地面等大环境的消毒。进雏前鸡舍的消毒最好采用喷洒与熏蒸相结合的方式进行，进雏后要隔天带鸡喷雾消毒。注意日常饮水的消毒，切不可留下疾病传染的隐患。

（六）制定合理的免疫程序

免疫程序必须由当地的兽医部门制定，饲养者不可随意而定。制定免疫程序应根据养鸡所在地及周边地区疫病流行情况、鸡苗来源、场地疫病情况、种鸡免疫程序及母源抗体的高低和当地常用免疫程序进行综合制定。免疫程序应有相对的稳定性，不可随意改变。

第五章 肉鸡场建设

第一节 场址的选择及布局

一、场址环境的基本要求

场址的选择是否合理，直接影响着建设投资、鸡的生产性能、健康状况、生产效率及经济效益等。因此，选择场址时必须认真进行调查研究，既要考虑到节省投资，又要考虑将来扩大规模；既要考虑地形地貌，又要考虑当地资源的分布情况；既要符合国家畜牧生产布局，还要看地方条件的可能性，从多角度、多视点进行综合分析。

1. 远离居民区和工业区　鸡场场址的选择，必须遵守社会公共卫生准则，使鸡场不至成为周围社会的污染源，同时也要注意不受周围环境的污染。因此，鸡场的位置应选在居民点的下风处，地势低于居民点，但要离开居民点污水排出口，不要选在化工厂、屠宰场、制革厂等容易造成环境污染企业的下风处或附近。鸡场周围3000米内无大型工矿企业，鸡场与居民点之间的距离应保持在1000米以上，鸡场相互间距离应在2000米以上。

2. 交通要便利，利于防疫　鸡场投产后经常有大量的饲料、产品及废弃物等需要运进或运出，其中鸡蛋、雏鸡等在运输途中还不能颠簸，因此，要求场址交通便利，道路平整。同时便于鸡场对外宣传及工作人员外出。但为了卫生防疫及减少噪声污染，鸡场离主要公路的距离至少要在2000米以上，同时修建专用道路与主要公路相连。

3. 地形地势　场址应选在地势较高、干燥平坦的地方，还要容易排水、排污和向阳通风。养鸡场要远离沼泽地区，因为沼泽地区常是鸡体内外寄生虫和蚊虻生存聚集的场所。

鸡场所处位置一般高出地面0.5米。若在山坡、丘陵上建场，要建在南坡，因为南坡比北坡温度相对高，蒸发大，湿度低。养鸡场的地面要平坦而稍有坡度，以便排水，防止积水和泥泞，坡度不要过大，一般不超过25%。坡度过大，建筑施工不便，也会因雨水常年冲刷而使场区坎坷不平。

养鸡场的位置要向阳避风，以保持场区小气候温热状况的相对稳定，减少冬春风雪的侵袭，特别是避开西北方向的山口和长形谷地。有条件的还应对其地形进行勘察，断层、滑坡和塌方的地段不宜建场，还要躲开坡底，以免受山洪和暴风的袭击。

4. 土质　鸡场内的土壤，应该是透气性强、毛细管作用弱、吸湿性和导热性小、质地均匀、抗压性强的土壤，以沙质土壤最合适，以便雨水迅速下渗。越是贫瘠的沙性土地，愈适于建造畜禽舍。如果找不到贫瘠的沙土地，至少要找排水良好、暴雨后不积水的土地，以保证在多雨季节不会出现潮湿和泥泞。

5. 水源水质　一是水量要充足，既要满足鸡场内的人、鸡等生产、生活用水，又要满足鸡场的其他生产；二是水质要求良好，不经处理即符合饮用标准的水最为理想，此外，在选择时要调查当地是否因水质而出现过某些地方性疾病等；三是水源要便于保护，以保证水源经常处于清洁状态，不受周围环境的污染；四是要求取用方便，设备投资少，处理技术简便易行。

饲养肉鸡所用的水必须符合《无公害食品畜禽饮用水水质的标准》。

6. 空气环境　如果肉鸡场环境中一氧化碳、尘埃、病原微生物等成分过多，不仅容易使肉鸡发病率提高，而且还影响肉鸡的生长。因此，要保证场区空气质量符合GB-30955大气环境质量三级标准。

7. 电力保证　选择场址时，还应重视供电条件，必须具备可靠的电力供应，最好应靠近输电线路，尽量缩短新线路距离，同时要求电力安装方便及能保证24小时供应。必要时必须自备发电机来保证电力供应。

8. 有广泛的种植业结构　为了使养殖业与种植业紧密结合，在选择肉鸡场外部条件时，一定要选择种植业面积较广的地区来发展畜牧业。一方面可以充分利用种植业的产品作为畜禽饲料的原料；另一方面可使畜牧业产生的大量粪尿作为种植业的有机肥料，从而实施种养结合，实现农业的可持续发展。

二、鸡舍内部环境的基本要求

鸡舍的内部环境主要是指舍内的温度、湿度及有害气体的含量等。

1. 温热环境　指周围冷热的空气环境，它是由空气温度、湿度、气流速度和太阳等温热因素在一定空间和时间内相互结合及相互影响综合而成，它是不断变化，而且随时随地都在对鸡群的健康和生产力起作用的重要环境因素。

温热环境主要影响鸡体的热调节功能，鸡为恒温动物，其产热与散热必须保持平衡，环境温度在一定范围内，鸡可通过各种产热与散热的方式来调节，以维持体温的平衡。

（1）空气温度　气温是表示大气冷热程度的物理量，影响鸡舍温度的主要因素是太阳辐射热、外界气温以及鸡体散发的热。密闭式鸡舍如保温隔热性能良好，冬季可有效地保存鸡体散发的热能，夏季可减缓舍外高温对舍温的影响，开放式和半开放式鸡舍，舍内外气温相差不大，舍温基本上随季节和昼夜的温度变化而变化。

（2）温度对鸡生产性能的影响　温度对鸡的活动、饮食、生理状况与代谢强度都可以造成影响，也影响鸡的各种经济性状。鸡的类型、品种、品系及其所在地区的不同，其对寒、热的适应性也有所差异。因此，环境温度对不同鸡群的影响不尽相同。幼龄鸡的适宜温度范围相对较小，而且不适宜温度所造成的负面影响也较大。

2. 相对湿度　在一般情况下，相对湿度对鸡群的影响不太大，但在极端的情况下或与其他因素共同发生作用时，也可能对鸡群造成严重的危害。因此，不应忽视鸡舍内的相对湿度。

相对湿度过低，如降至17%时雏鸡羽毛生长不良，成年鸡羽毛粗乱，皮肤干燥，羽毛及喙、爪色泽暗淡，在这种情况下也有可能导致鸡的脱水。此外，当相对湿度偏低时，也会引起鸡舍内尘土等飞扬，病原菌也可能与这些微粒结合，导致鸡发生呼吸器官疾病或感染其他疾病。

相对湿度过高，如达到90%，甚至接近饱和时，鸡的羽毛污秽，垫料潮湿，易受微生物的分解而使舍内产生更多的氨。

在低温高湿情况下，空气中水汽、热量较大，易使鸡体失热过多而受凉，用于维持代谢所需的饲料也多；再者，如舍温骤然下降，水汽凝聚，对有垫料的鸡舍危害更大。

在高温高湿情况下，微生物易于滋生繁殖，可导致鸡群发病。高温高湿危害鸡群的原因还有空气中水分的含量过高，鸡呼气排散到空气中的水分受到限制，鸡的蒸发散热受阻。如相对湿度保持在40%不变，则随着环境温度的升高，成年鸡的蒸发散热占总散热量的比例就渐增。20℃时只占25%，24℃时就增加到50%，34℃时就增加到80%。在环境温度达34℃时，鸡体通过蒸发散热来弥补在高温环境下湿热散发比例的降低，仍能保持体温的恒定。如在这一高温水平，空气中相对湿度由40%递增至90%时，蒸发散热占总散热量的比例就从80%猛降至39%，此时，鸡就会因余热难散而导致体温过高。

适宜的相对湿度，幼雏约为70%，肉鸡约为60%，但在生产实践中，相对湿度总有一定的波动，除了过高或过低以外，一般不进行调节。对各种鸡来说，50%～75%的相对湿度比较适宜。只要环境温度比较适宜，相对湿度降至40%或高至80%对鸡影响不大。一些试验结果表明，温度在13℃、21.5℃及29.5℃，相对湿度为50%～80%时，对鸡的产蛋和蛋重等各种经济性状无显著影响。

不同的饲养方式对相对湿度的要求也有所差异。在适宜的温度条件下，80%的相对湿度对笼养鸡无碍，但对厚垫料养鸡则偏高。

总之，鸡舍内以较干燥为宜，这样既有利于鸡体散热及降低粪便中含水量，又可以预防某些疾病的发生和蔓延。因此，防止鸡舍潮湿，在管理上不容忽视。

三、选址原则

1.确定饲养规模、面积　饲养规模在1000只以上时，为了便于管理及防止鸡群间疾病的相互感染，可设置养殖小区，几家可以在村外联合饲养，但合在一起的规模不要过大，一般应控制在最大每批3万～4万只，建立10栋左右的鸡舍，提倡小区内的区域细分，即每4～6栋为一个单元组，各单元组间距为100米以上，中间以围墙相隔，有道路相连。一个单元组必须一起进雏、同时出鸡，采取全进全出的饲养方式，统一防疫管理。大型工厂化肉鸡养殖场须按工厂化养鸡场建设标准执行。

2.地形地势　场址应选在地势高燥、背风向阳的地方，鸡舍南向或南偏东向，以利夏季通风或冬季保温。一般要高出当地历史洪水线，并具有1％～3％的缓坡，但坡度不要超过25％，便于排放污水和雨水。地下水位应在2米以下。在场址选择的地形上要开阔整齐，便于合理布局。

畜牧场场址选择应本着节约用地，不占或少占农田的原则。如果可能，鸡场可充分利用自然地形地物，如利用原有的树林、山岭、河川、沟渠等作为场界的天然屏障。

3.土质　土壤的物理、化学、生物学特性对鸡场的环境产生影响较大，作为鸡场的土壤应未被生物、化学、放射性物质污染过，土壤类型以沙壤土和壤土为最好，但同时它们是最有价值的农耕用土壤，为不争农田和降低土地购置费用，一般选择沙土或砂石土做鸡场用地，但要求土地未被病原体污染过。

4.水源　作为安全优质肉鸡生产的水源要符合无公害食品畜禽饮用水水质要求。水质量的好坏，直接影响鸡场的人畜健康。

水量充足指能满足场内人、畜饮用和其他生产、生活用水的需要，且在干燥地区也能满足场内全部用水需要。一般人员用水为20～40升/日，肉鸡饮用水量可参见前文。

其次肉鸡生产中还需要消防用水、灌溉用水等。对水源还应做到取用方便，设备投资少，处理技术简便易行。同时也要满足便于防护的要求，保证水源水质经常处于良好状态，不受周围环境的污染。

5. 社会条件　社会联系主要指鸡场与周围社会的联系，如与居民区的关系，交通运输和电力供应等。必须遵从社会公共卫生准则，使鸡场既不污染周围的社会环境，又要不被周围环境所污染。因此鸡场应建立在居民点的下风向，地势要低于居民区，但要离开居民的污水排出口，更不要选择在化工厂、屠宰场、制革厂等容易造成环境污染的企业的下风处或附近。鸡场与居民区的距离一般小场在200米以上，大场在500米以上。与各种化工厂、屠宰场、制革厂的间距不小于1500米。选择鸡场时还应考虑到交通便捷，能源充足，有利防疫，便于处理废弃物。一般鸡场建设时应距国道和铁路不少于500米，距省级公路不少于300米，距地方公路不少于100米。

作为养殖小区除以上内容外还应注意以下问题：

（1）建场环境　小区应建于远离村镇、背风向阳、地势高燥、交通便利的位置上，注意避免在原有的旧鸡场上建场和扩场，特别应远离兽医站、畜牧养殖场、集贸市场和屠宰场。

（2）供水和供电条件　要求小区有独立的供水系统，能够提供充足的无污染、符合无公害人、畜饮用水标准的饮用水和清洁消毒用水。要求小区要有独立的供电系统，最好保证双路供电，并根据选择的用电设备确定供电电压和供电量。

（3）排水条件　从防疫角度和环保角度考虑，场内冲洗消毒和生产生活污水须经统一处理后排放。

四、鸡场规划布局

1. 布局原则

（1）利于生产　鸡场的总体布置首先要满足生产流程的要求，按照生产过程的顺序性和连续性来规划和布置建筑物，达到有利于生产，便于科学管理，从而提高劳动生产效率的目的。

（2）利于防疫　工厂化养鸡场鸡群的规模较大，饲养密度高，疾病容易发生和流行，要想保持稳产高产，除了搞好卫生防疫工作以外，还应在场房建设初期，考虑好总体的布局、当地的主要风向、爆发过何种传染病等。场区布局一方面应着重考虑鸡场的性质、鸡体本身的抵抗力、地形条件、主导风向等几方面的问题，合理布置建筑物，满足其防疫距离的要求；另一方面还要采取一些行之有效的防疫措施。具体要求如下：

①生产区与行政管理区、生活区分开，行政管理区设在生产区的上风向，地势高于生产区，将生活区设在行政管理区的上风向；

②孵化室与鸡舍分开，孵化室要求空气清新，无病菌，若鸡舍周围空气污染，加之孵化室与鸡舍相距太近，在孵化室通风换气时，有可能将病菌带进孵化室，造成孵化器及胚胎、雏鸡的污染；

③料道与粪道分开。料道是饲养员从料库到鸡舍运输饲料的道路，粪道是鸡场通向化粪池的道路。粪道不能与料道混在一起，否则易暴发传染病。

（3）缩短道路管线，利于运输。

（4）利于生产管理，降低劳动强度。

（5）改善劳动条件，提高工作效率。

2. 鸡场道路

（1）道路分工明确　防疫不仅在鸡场选址、分区布局上要考虑，在道路规划上也应重视。因此，鸡场的内外道路要严格区分，外来人员及车辆一般不能进入场内，内外道路之间互不贯通，其相交点应设置消毒池，人员、车辆进入场内时，必须经过清洗消毒。

（2）净道、污道互不交叉　为了做好场区环境卫生和防止污染，场内道路应该净污分道，互不交叉，出入口分开，净道的功能是运输饲料和蛋品，污道的功能是运送病死鸡、粪便和废弃设备的专用通道。为了保证净道不受污染，在布置道路时可以按梳状布置，道路末端只通鸡舍，不再延伸，更不可以与污道相通。净道与污道之间可以草坪、池塘或者林木带相隔。

（3）车场设置　因为养鸡场的道路多为末端封闭，所以必须在道路的尽头设置回车的场地。如果受土地面积的限制，无条件设置回车场，可以利用道路与鸡舍之间的空地，按道路要求铺成硬地面，作为回车所需要的场地。

3. 鸡场绿化

（1）鸡场绿化的优点

①改善鸡场小气候　夏季，由于树叶及其他植物叶片表面水分的蒸发、光合作用和遮阴作用，大量吸收太阳辐射热，从而降低了空气的透明度，也减弱了日辐射光能。树冠可遮挡50%～90%的太阳辐射热，草地遮挡80%，使树下地皮上方的温度降低2℃～3℃。

②净化空气，保护环境　由于鸡群的呼吸作用和废弃物的发酵腐败，鸡舍不断产生二氧化碳、氨气和硫化氢气体。绿色植物可以利用太阳能进行光合作用，吸收二氧化碳，放出氧气，使鸡舍周围空气清新干净。在气流和风的作用下，新鲜空气进入鸡舍，有助于鸡群健康。

③洗尘灭菌　自然界中大量的细菌是吸附在尘埃中的，鸡舍排出的粉尘也携带着大量的毛屑和其他污染物。由于树木和草地的阻挡，降低了局部地段的风速，使尘埃降落到地面，遇雨水冲洗到土壤中，加之草皮对粉尘污物的吸附、过滤、降落，经雨水淋洗，不断被清除，从而减少了空气中细菌和污染物的含量。

④增强防火效果　树木、树叶蒸发水分及树叶间层含有大量的水汽，可以提高树木草地环境的湿度，如杨树林夏季每天每公顷蒸腾57吨以上的水。由于湿度的增加和林带减弱风势，大大有助于防火效能的增强。

⑤减弱噪声　阔叶树木树冠能吸收26%的声能，夏季树叶茂密时可降低7～9分贝，秋季可降低3～4分贝。

(2) 鸡场绿化的布置

①防护林带　种植防护林带的目的是降低场区风速，防止风沙对场区鸡舍的侵袭。它有主、副林带之分。主林带位于场区迎冬季主风边缘地带；副林带多配置在非主林带地段的其他三方向边缘地段。主林带种以枝条较稠密的树种（如槐树、柳树等）和不落叶的树种（如柏树、松树等）。副林带的行数较少，修剪时树冠要比主林带高些，其他方面与主林带相同。

②隔离绿化　鸡场各分区之间和沿鸡场四周围墙，要设置隔离的绿化设施，可种植带有针刺的树木，起到篱笆作用。要尽可能密植，以防止人畜进入。防疫沟水面放养水生植物，也可种植其他水生植物。

③遮阴植物　散养鸡舍运动场四周、笼养和网养鸡舍间距，均需要种植树木花草，尽量给予完善的绿色覆盖。梨树、海棠树等的枝条长，通风好。在修剪时，树冠要高出房檐，既要注意通风排污，又要注意遮阴效果。

④行道树　在道路两旁植树，以遮阴、洗尘为主要目的，同时也应注意通风排污的效果。植树品种与道路、风向有关，道路与风向平行宜种植槐树、柳树等；道路与风向垂直宜种植杨树等。在较小的人行道要种植冬青。

(3) 树木株行距与建筑物的水平间距　树木种植株行距与成年树树冠的宽度相等或稍小于成年树树冠宽度。种植树木时，要注意树木与建筑物的水平距离，以免树根破坏建筑物基础或影响通风排污效果。

4. 鸡舍朝向和间距

(1) 鸡舍朝向　鸡场的朝向是指鸡舍的长轴与地球经线是水平还是垂直。鸡场朝向的选择应根据当地的气候条件、地理位置、鸡舍的采光及温度、通风、排污等情况确定。

光照是良好的自然光源，它是促进雏鸡正常生长、发育和产蛋鸡的产蛋、繁殖等必不可少的因素，因为舍内的光依靠阳光，舍内的温度受太阳辐射的影响，舍内的通风换气受主导风向的影响，必须了解当地的主导风向、太阳高度角。

冬季要利用太阳的辐射，夏季要避免辐射，我国大部地处北纬20°～50°之间，各地太阳高度角因纬度和季节的不同而变化，我国地处北半球，鸡舍朝南，冬季日光斜射，可以充分利用太阳辐射的温热效应和射入舍内的阳光，以利于鸡舍的保温取暖。夏季日光直射，太阳高度角大，阳光直射舍内很少，以利于防暑降温。

鸡舍内的通风效果与气流的均匀性和通风的大小有关，但主要看进入鸡舍内的风向角多大。若风向角为0°，则进入鸡舍内的风为"穿堂风"。在冬季，鸡体直接受寒风的侵袭，舍内有滞留区存在，不利于排除污浊的空气；在夏季，不利于自然的通风降温。若风向角为90°，即风向与鸡舍的长轴平行，通风能力差，风不能进入鸡舍，通风效果差。只有在风向角为45°时，鸡舍内的滞留区最小，通风效果也最好。

我国绝大部分地区太阳高度角冬季低、夏季高，且我国夏季盛行东南风，冬季多东北风或西北风，南向鸡舍均较适宜，朝南偏西15°～30°也可以。

(2) 鸡舍的间距　鸡舍间距指鸡舍与鸡舍之间的距离，是鸡场总的平面布置的一项重要内容，它关系到鸡场的防疫、排污、防火和占地面积，直接影响到鸡场的经济效益，因此应给予足够的重视。应从防疫、防火、排污及节约占地面积考虑。

①防疫要求　首先应了解最为不利的间距，即当风向与鸡舍长轴垂直时，背风面漩涡范围最大的间距。一般鸡舍的间距是鸡舍高度的3～5倍时，即能满足要求。试验表明，背风面漩涡区的长度与鸡舍高度之比为5∶1，因此，一般开放式鸡舍的间距是屋檐高度的5倍。而当主导风向入射角为30°～60°时，漩涡长度缩小为鸡舍高度的3倍左右，这时的间距对鸡舍的防疫和通风更为有利。对于密闭式鸡舍，由于采用人工通风和换气，鸡舍间距达到3倍高度即可满足防疫要求。

②防火要求　为了消除火灾的隐患，防止发生事故，按照国

家的规定，民用建筑采用 15 米的间距。鸡舍多为砖混结构，采用 10 米间距即能满足防疫和防火的要求。

③排污要求 一般为鸡舍高度的 2 倍，按民用建筑的日照间距要求，鸡舍间距应为鸡舍高度的 1.5～2 倍。鸡场的排污需要借助自然风，当鸡舍长轴与主导风向夹角为 30°～60°时，用 1.3～1.5 倍的鸡舍间距也可以满足排污的要求。

五、肉鸡舍建筑设计

鸡舍有两个功能，首先它使鸡群密集饲养在可以管理的单元中。更为重要的是为鸡群提供适宜的小环境，使鸡群在极端的温度和其他恶劣的环境中有良好表现。

鸡舍的类型很多，现将其适用范围、特点及其优缺点分述如下：

按照饲养方式，鸡舍可以分为地面平养鸡舍、网养鸡舍、笼养鸡舍、网上与地面结合饲养鸡舍几种。

1. 地面平养鸡舍 此种鸡舍对建筑要求不高，投资较少。舍内的地面需铺设垫料，因而必须经常清洗垫料，彻底消毒，以减少疫病的发生，一般中小型的肉鸡场使用。

2. 网养鸡舍 一般在离地 50～80 厘米处搭设网、栅，鸡养在网栅上。网栅用金属丝、竹片、木条等编排而成，在网栅的周围设置围栏，料槽、水槽放置在网上。这种饲养方式由于不接触地面，可以减少寄生虫病的发生。

3. 笼养鸡舍 这种鸡舍的饲养密度大，节省建筑用地，有利于实施机械化、自动化管理；鸡的采食浪费少，饲料利用率高。

4. 网上与地面结合饲养鸡舍 这种鸡舍较网养鸡舍投资少，既有网上饲养的优点，又克服了网上饲养受精率低的缺点，还可以采用机械清粪，降低了劳动强度，近年来被很多养鸡场所采用。

第二节 鸡场建设及常用设备

一、鸡舍建筑的要求

肉鸡舍的结构和使用材料直接关系到舍内环境控制能力的强弱和方便程度,在很大程度上决定着肉鸡饲养的成败,必须根据肉鸡生产的特点来设计建造或改进肉鸡舍。

1. 温度和湿度 不论何种鸡舍都应该有隔热性能良好的屋顶和墙壁,尤其是屋顶。否则,冬季保暖差,大量的热能都散发出去,鸡舍的温度下降很快;夏季隔热性能差,大量的日照热和地面的反射热穿透墙壁进入鸡舍,造成鸡舍内温度过高,影响生产性能。

2. 采光和通风 要保证鸡舍内有适宜的光照,良好的空气环境。

3. 面积和空间 各种机械、设备均安装在原定的位置上,饲养间与工作间的比例以及门、窗、进气孔的开放程度与口径的大小、通道的位置、宽度等均应该适当。

4. 防疫和消毒 地面、墙壁、天花板表面光滑,便于清洗消毒。

二、鸡舍的结构要求

1. 地基 地基要求坚实、组成一致、干燥。一般小型鸡舍可以直接修建在自然的地基上,最好建在沙砾土层或岩性土层上。地基比墙宽10～15厘米,深度为50厘米左右,北方地区应深些,土墙应50～70厘米,所用的材料应该比墙壁材料结实,其作用是防止降水和地下水的侵蚀。

2. 墙壁 墙壁对鸡舍的保温、湿度状况起重要的作用,一般要求墙壁坚固耐久、抗震、防水,便于清扫和消毒,同时要求隔热性强。墙壁的隔热保温能力取决于建筑材料的性质和墙壁的厚度,墙壁的厚度一般为25～37厘米。而墙壁的厚度对鸡舍工程的造价影响很大,它的工程量占到整个建筑的40％～65％,占总造价的35％～40％。因此,尽管肉鸡舍对保温性能要求比较严格，但是还要处理好保温隔热的热工指标与投资的关系。

3. 屋顶　屋顶的形状为"A"字形。屋顶由屋架及屋面两部分组成，屋架的作用是支撑屋面的重量，必须由钢筋、木材或钢筋混凝土制成。屋面是屋顶的围护部分，直接防御风雨，防止太阳辐射，不能透水，并有一定的坡度以利于排水，坡度与跨度之比为1∶2～1∶2.5。屋顶材料要求保温、隔热效果好，可以加设顶棚或在屋顶上种植地衣。

4. 门窗　门窗的大小，关系到采光、通风和保暖。一般来讲，肉鸡舍的门窗面积比蛋鸡舍的大，门窗距地面的高度为50厘米，高1.2～1.8米，宽1.8～2米。一般南窗的面积大，北窗的面积小，北窗的面积为南窗面积的2/3左右。窗的面积为地面面积的15%～20%。

门的大小及位置也影响到舍温，一般门设在南向鸡舍的南墙。高度一般为2米，宽1.3～1.6米。

5. 高度　鸡舍的高度应根据饲养方式、清粪方式、跨度与气候条件而不同，跨度不大、平养与气候不太炎热的地区，鸡舍不可太高，一般从地面到屋檐的高度为2.5米左右，而跨度大、气候炎热的地区，尤其采用多层笼养的鸡舍，高度可以提高到3米左右。

6. 鸡舍的跨度和长度　按照建筑模数，肉鸡舍的跨度一般为3米、6米、9米、12米。长度因养鸡数量而异，一般为30～80米。

7. 鸡舍过道　鸡舍的过道是饲养员每天工作和观察鸡群使用的通道，过道的宽窄必须考虑到饲养员行走和操作的方便。过道的位置多设在北面，也有的设在鸡舍的中间，鸡舍与过道的纵轴平行。过道的位置也与鸡舍的跨度有关，跨度小于9米的一般设在北面，跨度大于9米的可以设在鸡舍的中间或北面。过道的宽度为1.2米左右。

三、肉鸡舍应该满足以下条件

1. 防暑降温能力　肉鸡舍应有良好的隔热保温性能以及良好的防暑降温能力。肉鸡生产基本上是个育雏过程，需要较高较稳定的温度。生长后期为提高饲料利用率，舍温要求能维持在20℃左右。另外，40日龄以后的肉鸡不耐高温，夏季的高温会影响生长，易因中暑而死亡。在建筑上要考虑隔热能力，特别是屋顶结构，一定要设法减少夏季太阳辐射热的进入。

2. 通风换气能力　肉鸡舍应具有相当良好的通风换气能力。肉鸡饲养的后期，舍内环境控制的主要手段是通风换气，鸡舍需要通过自然通风和机械通风将有害气体排至舍外，引入新鲜空气，以调节舍内的氧气、温度和湿度，再将污浊的空气通过自然风排出场区，保证场区内及时补充到洁净空气。考虑到肉鸡养殖中地面平养的饲养特点，无论采取自然通风还是机械通风，整个地面都要保持一定速度的均匀气流。

3. 便于消毒防疫　肉鸡舍的设计还必须便于消毒防疫。疫病的预防是饲养肉鸡的重要环节，根据肉鸡饲养全进全出的生产特点，鸡舍必须便于冲刷消毒。鸡舍地基应高出自然地面25厘米以上，舍内应有2%~3%的坡度，应做成水泥地面。房顶和墙壁应该平整，尽可能地减少容易沉积灰尘、细菌等污物的地方。舍外四周需要有25~30厘米深的排水沟并须硬化处理。

如果肉鸡舍能满足控制微生物的环境需要，满足前期育雏和后期生长对环境的要求，克服昼夜温差和季节变动对舍内环境的影响，肉鸡的饲养成功就不再是困难的事了。

四、常用设备

1. 喂料设备

（1）雏鸡喂料盘　雏鸡喂料盘主要供开食及育雏早期（0~2周龄）使用。市场上销售的塑料制成的雏鸡喂料盘有圆形和方形两种，每个喂料盘可供80~100只雏鸡使用。

（2）饲料桶　饲料桶供2周龄以后的小鸡或大鸡使用。饲料桶由一个可以悬吊的无底圆桶和一个直径比桶略大些的浅圆盘组成，桶与盘之间用短链相连，并可调节桶与盘之间的距离。

（3）食槽　适用于笼养种鸡和平养小鸡，平养小鸡使用的食槽要求方便采食，不浪费饲料，不易被粪便、垫料污染，坚固耐用，方便清洗和消毒。一般采用木板、镀锌板和硬塑料板等材料制成。所有食槽边都应向内弯曲，以防止鸡采食时挑剔将饲料溢出槽外。

2. 饮水设备

（1）水槽 通常由镀锌铁皮、木材或塑料制成，呈长条状，挂于鸡笼或围栏之前，多用于笼养或网上平养，也可用于地面平养。饮水时要用铁丝网罩盖住，以防鸡进入水槽内。一般采用长流水供应。其优点是结构简单，清洗容易；缺点是容易传播疫病，耗水量大。

近年来也有一些鸡场采用长管形饮水槽。它的优点是能大大减少外界落物的污染，不易漏水，每隔数天可用装于其中的海绵活塞，由一端向另一端抽动，带去内壁污物，以保持干净。

（2）水盆 水盆由塑料或陶瓷制成，上面盖有铁丝网罩。

（3）真空饮水器 多用于平养。由一圆锥形或圆柱形的容器倒扣在一个潜水盘内组成。圆柱形容器浸入浅盘边缘处开有小孔，孔的高度为浅盘深度的 1/2 左右，当浅盘中水位低于小孔时，容器内的水便流出直至盖没小孔为止。真空饮水器轻便实用，也易于清洗，适合于鸡的各个生长阶段。

3. 清粪设备 鸡没有单独的排尿器官，粪尿一起排出，新鲜鸡粪含水量达 75%～85%，极易产生氨、硫化氢等有害气体，若不及时清除会导致环境恶化，直接影响鸡的生长发育及其产品生产。常用设备有以下两种：

（1）牵引式地面刮板清粪机 适用于笼养或网上平养鸡舍的纵向清粪。安装牵引式地面刮板清粪机的鸡舍，要根据鸡笼下粪沟宽度选择刮粪板宽度。为保证刮粪机正常运行，要求粪沟平直，沟底表面越平滑越好，因此，对土建要求较严格。

（2）牵引可调式地面刮板清粪机 这种清粪机的最大特点是刮粪板的宽度在一定范围内可自由调节。刮粪机左右两个刮粪板在刮粪前处于收拢状态，当刮粪机前进时，它能按已调好的宽度自动张开进行清粪工作，当返回时两刮粪板又自动合拢。这样既灵活方便，又简化了规格系列。

4. 防疫设备

（1）多功能清洗机　具有冲洗和喷雾消毒两种功能，适用于禽舍、孵化室地面冲洗和设备洗涤消毒。该产品进水管可安装到水龙头上，水流量大压力高，配上高压喷枪，比常规手工冲洗快而洁净，还具有体积小、耐腐蚀、实用方便等优点。

（2）禽舍固定管道喷雾消毒设备　这是一种用机械代替人工喷雾的设备，主要由泵组、药液箱、输液管、喷头组件和固定架组成。用这种设备只需2~3分钟即可完成整个鸡舍消毒工作，药液喷洒均匀。此设备在夏季与通风设备配合使用，还可降低舍内温度3℃~4℃，配上高压喷枪还可作清洗机使用。

5. 人工智能设备

（1）计算机及应用软件　随着计算机各类软件的开发，利用计算机存贮信息量大、运算快速准确、信息传递方便等特点，将生产中各种数据及时输入计算机内，经处理后可以迅速地做出各类生产报表，并结合相关技术和经济参数制订出生产计划或财务计划，及时地为各类管理人员提供丰富而准确的生产信息，作为辅助管理和决策的智能工具。

（2）舍内环境自动控制系统　根据禽舍理想环境条件的要求，限定舍温、空气有害成分、通风量的控制范围和控制程序，通过不同的传感器和处理系统，使其利用通风装置启闭进行调节。

（3）电视监控系统　禽舍内安装电视录像监控系统，管理人员能通过这套设备，在办公室直接观看禽舍现场和鸡群动态，减少技术人员直接接触鸡群带来的惊扰和疫病传播的弊端，及时发现饲养管理中存在的问题，快速进行处理，并提高工作效率。

第六章 肉鸡疫病防治技术

无论是小规模鸡场还是大规模集约化鸡场，目前都摆脱不了疫病的困扰。引起鸡只发病的原因很多，通常按病因分为传染性疫病和非传染性疫病。非传染性疫病往往是个体或部分群体发生的疫病，加强饲养管理就会减少发病率。

第一节 鸡场的卫生防疫措施

一、鸡场的环境消毒

家禽疾病中特别是传染性疫病所造成的危害，严重地影响了畜牧业的发展，甚至直接或间接给人类的健康带来巨大的威胁。因此做好卫生防疫工作，才能有效地防止疫病的发生。在防疫工作中必须严格按照"预防为主，养防结合，防重于治"的原则。

1. 入口消毒 鸡场及鸡舍入口应设消毒池，并经常保持有新鲜的消毒液，凡进入鸡场人员必须做好洗手（洗手液可用0.1％浓度的新洁尔灭）等消毒工作。车辆进入鸡场，轮子要经过消毒池。人员的衣、帽等物是将病原直接传给鸡群的重要途径之一。人在饲养或清扫鸡舍时，会被粪便、羽毛、鸡的分泌物等污染而带有病毒。所以在鸡场要求固定鸡舍人员饲养，不能串舍。饲养员、兽医等人员出入鸡舍要洗澡、更衣、换鞋，工作服要定期消毒。家庭养鸡户之间避免互相参观，特别是不要直接接触鸡群。不准非工作人员和参观者随便进入鸡舍。消毒池消毒液的配制，常用的有3％～5％煤酚皂液（来苏儿），或10％～20％石灰乳，或2％苛性碱溶液等。没有消毒池的可用草席或麻袋浸透消毒液后置于鸡舍进出口处。此外,有条件的还要在鸡场的大门、人行通道安装紫外线灯照射消毒,工作服、鞋、帽也可用紫外线灯照射消毒。注意:紫外线对人的眼睛有损害,要注意保护。

2. 鸡舍消毒 老鸡淘汰后,在进鸡之前,首先要对鸡舍进行一次彻底清洗,清除全部的鸡粪、垫草及灰尘。其次用高压水泵产生的水流冲刷地面、墙壁、天花板及门窗。再用火焰喷灯进行火焰消毒地面与墙壁。然后用100千克水加2千克火碱配成的药液,喷雾消毒两次,两次最好间隔1~2天,以墙壁喷得洁白为止。最后进行消毒。消毒可采用以下两种方法:一是熏蒸消毒法。密闭的房舍、孵化器等可用熏蒸消毒法。常用福尔马林气体熏蒸,每立方米空间用福尔马林42毫升加高锰酸钾21克熏蒸消毒,密闭门窗24小时后通风换气。过氧乙酸亦可用于熏蒸,按每立方米空间1~3克纯品,配成3‰~5‰溶液,加热产生气体熏蒸。二是喷洒消毒法。对鸡舍、场地、环境一般采用规定浓度的化学消毒剂进行喷洒消毒,可用1:3000倍浓度"普灭"装入喷雾器在鸡舍内从上到下喷雾消毒。如是老鸡舍,喷药消毒前应把污物清除干净,因为污物中含有机物特别是蛋白质,会降低消毒药效果。鸡舍内要保持清洁,料车、饮水器等各种用具要定期消毒,同时要确保饮水及饲料卫生。

3. 设备消毒 首先将禽舍内的粪便污物清除干净,用水(最好高压水)彻底将禽舍、笼具、食槽、水槽、门窗冲洗干净,晾干后用火焰喷灯将笼具、食槽、水槽火焰消毒一次,再用消毒液如0.5%过氧乙酸或0.5%百毒杀喷洒消毒。地面用2%~5%苛性碱消毒。鸡舍、工作服、用具用福尔马林熏蒸,按每立方米空间用福尔马林25毫升、高锰酸钾12.5克,先将高锰酸钾放入器皿中,再加福尔马林,用木棒搅拌,待到刺鼻气体发出时,迅即离开鸡舍,关闭门窗,不得少于2小时,进鸡前2~3天将门窗打开,让空气对流,待鸡舍内无刺鼻气味方可进鸡。

4. 带鸡消毒 在育雏基本结束,实行放开饲养,通风量开始逐步加大的时候,就要重视在鸡舍内带鸡消毒,一般2周龄后在鸡舍用背包式喷雾机,带鸡消毒应该选择刺激小、高效低毒、杀菌力强的消毒剂。通常用0.3%过氧化酸、0.1%新洁尔灭或0.3%毒菌净、0.1%次氯乙酸等,喷雾时喷头向上,先内后外逐步退步式喷雾。3周龄后可每天1次,进入6周龄时最好是每天早晚两次,消毒液要现用现配,不宜久置,以防影响消毒效果。密闭式鸡舍可用大口瓶加药后挂放在进风口,随着空气进入鸡舍,达到对空气消毒的目的。当鸡群有病时每天消毒1～2次,连用3～5天。

5. 种蛋消毒 种蛋的外壳上一般都不同程度地带有病菌。如果种蛋入孵前不进行消毒,不但影响孵化效果,而且还会将白痢、伤寒和支原体等疾病传染给禽雏。因此,种蛋入孵前必须进行严格的消毒。常用消毒方法有以下3种:

(1) 新洁尔灭消毒法 此药具有较强的除污和消毒作用,可凝固蛋白质和破坏病菌体的代谢过程,从而达到消毒灭菌的目的。种蛋消毒时,可用5%的新洁尔灭原液,加50倍的水配制成0.1%浓度的溶液,用喷雾器喷洒种蛋表皮即可。

(2) 漂白粉液消毒法 将种蛋浸入含有活性氯1.5%的漂白粉溶液中3分钟,取出沥干后即可装盘。应注意此种消毒方法必须在通风处进行。

(3) 碘液消毒法 将种蛋置于0.1%的碘溶液中浸泡30～60秒,取出后沥干装盘。碘溶液的配制方法是:碘片10克和碘化钾15克同溶于1000毫升的水中,然后倒入9000毫升的清水中即可。浸泡种蛋10次后,溶液中的碘浓度渐低,如需再用,可将浸泡时间延长至90秒,或添加部分新配制的碘溶液。

6. 防鼠灭鼠 由于鼠类易携带多种病原菌,易造成某些疫病的发生和流行。防鼠灭鼠应采取综合措施,根据具体情况选择适当的方法进行灭鼠,同时注意人、鸡的安全。

7. 无害化处理 对粪便要及时进行无害处理。因病致死的鸡,其尸体可作为传染源传播疫病。所以应采取焚烧、掩埋等方法进行无害化处理,防止其扩散,造成疫病的流行。强调的是鸡场内的工作人员严禁食用病死鸡。

二、鸡群的免疫程序

免疫程序（表6-1、表6-2）应根据当地疫病流行情况、母源抗体水平、鸡只日龄及健康状况、饲养管理方式和环境因素等实际情况制定。各地应在实践中制定适合本地区鸡场的免疫程序，并在实践中不断完善。

在进行免疫注射前3~5天应停止使用抗生素或磺胺类药物，免疫当天应使室内的温度比原来的温度高出2℃~3℃，以防止因免疫注射引起的应激反应。对于比较弱的鸡群，在日粮中应添加口服补液盐、维生素E等抗应激剂。

表6-1 商品肉鸡免疫程序

日龄	名称	方法	剂量（毫升）
5	禽流感	注射	0.25
7	新城疫+肾传支	点眼	0.03
14	法氏囊	滴鼻	0.03
21	新城疫+C30+H120、禽流感	点眼、注射	0.03、0.25
28	法氏囊	滴鼻	0.03
40	新城疫	点眼	0.03

表6-2 肉种鸡免疫程序

日龄	名称	方法	剂量（毫升）
1	马立克	注射	0.25
4	病毒性关节炎、禽流感	肌注、肌注	0.25、0.25
7	新城疫+肾传支	点眼	0.03
14	法氏囊	滴鼻	0.03
21	新支油、禽流感	注射	0.25、0.25
28	法氏囊、鸡痘	滴鼻、刺种	0.03、0.01
40	新城疫	点眼	0.03
48	病毒性关节炎	注射	0.2
65	传喉	涂肛	0.03
75	禽流感	注射	0.3
90	脑炎+鸡痘、传鼻	刺种、肌注	0.01、0.5
120	新城疫+法氏囊+大肠杆菌、禽流感	肌注	0.5、0.5
130	病毒性关节炎	肌注	0.5

第二节 肉鸡病毒性疾病的防治

一、新城疫

近两年呈现地区性散发性流行。发病特点以非典型为主，临床症状不明显，个别器官有典型变化，表现为无法解释的"免疫失败"。

1. 症状 突然出现一过性呼吸道症状，咳嗽有湿性啰音，呼吸困难、鸣音嗳气，有吞咽动作、甩头、鸡冠发青、嗉囊鼓气、流酸臭黏液、腹泻，先干后稀的绿色粪便，雏鸡和育成鸡出现神经症状、扭头背颈转圈，产蛋下降5％～10％，碎软蛋增多，受精率、孵化率降低，目前雏鸡有腺胃出血现象。

2. 预防与防治

(1) 提早免疫预防早期感染 病菌只能在活细胞中生存，一般1～3日龄免疫好。

(2) 季节性免疫 在养鸡集中的地区每年在流行季节集中免疫，保证机体内的抗体水平在临界线以上，消灭易感个体。一般在秋末冬初、冬末春初，在疫病多发季节统一免疫。

(3) 认识免疫的作用 首先免疫途径和抗体产生有关。一般点眼、滴鼻5～7天生效，饮水9天生效，气雾3天生效，注射3～5天生效。灭活菌14天产生抗体。其次至少要有两次以上免疫，活菌间隔10天以上，死菌要间隔4～6周。最后先做活菌，后做死菌；毒力弱的先做，毒力强的后做。

二、马立克病

鸡马立克病是由B型疱疹病毒引起的一种淋巴组织增生为特征的肿瘤性传染病。病鸡常发生急性死亡、消瘦和肢体麻痹，是危害养鸡业的最主要传染病之一。

鸡是主要的自然宿主。2～5月龄常发，潜伏期较长，一般为3周；传染源是病鸡和带毒鸡，可通过气源途径传播。该病病原在鸡体中有两种存在形式,一是没发育成熟的无囊膜的细胞结合毒,主要存在于白细胞及脏器内肿瘤细胞中,对外界抵抗差,传染性不强;另一种是羽毛囊上皮中有囊膜病毒,对外界抵抗力强,伴随鸡皮屑及灰尘传播,感染性强,可存活 4～6 个月。

其发病率随鸡品种、病毒毒力、饲养管理等而不一,有的仅几只发病,有的高达 50%～60%,病死率 100%。

1. 临床症状　根据症状和病变发生的主要部位,分为神经型、内脏型、眼型、皮肤型。

(1) 神经型　是最早发现的病型,临床上较常见,病毒主要侵害外周神经。坐骨神经受损表现一条腿或两条腿麻痹,步态失调,一条腿麻痹较常见,形成"劈叉"的姿势,向麻痹一侧横卧;臂神经受损,一侧或两侧翅膀下垂;颈神经受损,病鸡扭头、仰头呈观星状;还有嗉囊麻痹、扩张、松弛呈大嗉子。最后因行动、采食困难而衰竭或被踩踏而死。

(2) 内脏型　又称急性型,该型最常见,病鸡进行性消瘦,冠髯萎缩、色淡、无光泽,最终衰竭而死亡。

(3) 眼型　虹膜色素消失,呈同心环状、斑点状或弥漫的灰白色,瞳孔边缘不整齐,呈锯齿状,瞳孔缩小,不能随光线强弱而调节大小。视力丧失,双眼失明的很快死亡,单眼失明的病程较长。

(4) 皮肤型　在翅膀、颈部、背部、尾部上方及大腿有肿瘤结节,表现羽囊肿大,形成结节,如玉米至蚕豆大。

2. 剖检变化　最常见的是外周神经,尤其是腹腔神经丛、坐骨神经丛、臂神经丛和内脏大神经增粗,呈黄白或灰白色,横纹消失。内脏病变以卵巢最常见,其次为肾、脾、肝、心、肺、肠系膜等,其上有大小不一的肿瘤结节或肿块,灰白色,坚硬而致密。如肿瘤呈弥漫性增生,受害组织呈大理石样斑纹。法氏囊萎缩。

3. 诊断　一般根据临床症状和剖检变化即可作出诊断,也可进行病毒分离或血清学试验以确定 MD 强毒感染可能以及 MD 监测。血清学试验常用琼脂扩散试验，除此之外，可用荧光抗体技术、ELISA 等。

4. 防治

（1）免疫预防　传统的免疫程序是 1 日龄刺种。由于高母源抗体，尤其是 HVT 疫苗接种后，母源抗体的中和力很强，为避免母源抗体干扰，现有许多养殖场提倡 1 日龄首免，7～14 日龄进行二次免疫的方法，这样免疫效果较好。

最有效的疫苗是液氮苗，MD 分 Ⅰ、Ⅱ、Ⅲ型，有单价，也有二价、三价的疫苗。一般液氮细胞苗比冻干苗效果好，多价比单价效果好。Ⅰ型 HVT 疫苗控制强毒株；二价苗或三价苗用来预防。总的原则是应根据当地流行的毒株类型选用合适的疫苗。使用液氮苗、冻干苗时严禁在马立克病疫苗的配套稀释液中加入各种抗生素。尽可能地选用由国内外正规疫苗厂家生产的弱毒疫苗，严防有禽白血病病毒、网状内皮增生症病毒污染疫苗。

（2）综合性防治　严格卫生消毒，实行全进全出制度，严防初生雏鸡早期感染，由于感染马立克病病毒的阳性鸡终生排毒，可随感染鸡脱落皮屑、髓羽根部向外广泛传播，存活可长达 8 个月，所以每次进雏前要严格按照规定程序（彻底冲洗，有效消毒药认真喷洒，间隔 24 小时再冲洗，再消毒）消灭鸡舍中病毒。否则，初生雏鸡特别易感，一旦感染上，病毒繁殖很快，即使接种疫苗，疫苗毒繁殖赶不上病毒繁殖速度，从而导致免疫失败。孵化场应远离鸡舍，严格消毒，种蛋入孵前和雏鸡出壳后均应用福尔马林消毒。同时在孵化室进行免疫接种。加强饲养管理，减少应激因素。饲养密度不能过大，定期消毒，预防鸡白痢、球虫病等，在鸡产生免疫力之前 1 周时间内尤其注意饲养管理，严禁饲养员串舍等。发现马立克病的鸡场或鸡群，必须检出病鸡淘汰，特别是种鸡场，要严格检疫，对污染严重的种鸡群，应全部淘汰更新。

三、禽流感

禽流感是由 A 型流感病毒（AIV）引起的鸡的一种严重传染性疾病。被感染的鸡表现出急性全身性致死性症状，亚临床症状，轻度呼吸系统疾病，产蛋量降低等。目前，引起禽流感的病毒血清型很多，国内主要有 H5、H7、H9、H14、H3、H5、H7 病力最强，H9 较弱，它们在抗原性上有一定交叉性。禽流感病毒（AIV）易发生抗原变异。可水平或横向传播，借助空气、饮水、飞沫、饲料、物品等。侵入途径为：气溶胶、皮下、肌内注射、气管、气囊、鼻内、眼结膜、口腔、泄殖腔、腹膜等。感染渠道主要为消化道、呼吸道、眼结膜和损伤皮肤。该病传播很快，如1克病鸡粪便中所含 AIV 可使 100 万只鸡感染，一旦入侵，迅速导致传播流行，发病率高，死亡率 0%～10%，高毒力可达 30%～50%，死亡高峰在发病后 3～7 天。

1. 临床症状　急性为潜伏数小时突然暴发，不出现任何症状而突然死亡。一般来说，该病潜伏期 2～5 天，之后体温升高至 43℃～44℃，精神沉郁、呆立、昏睡、减食或停食，羽毛松乱；下痢，呼吸困难，咳嗽，张口呼吸，尖叫，鼻汁增多；头部、鸡冠、肉髯发绀，有的坏死，眼睑肿胀，流泪，眼角有小气泡分泌物；有的有神经症状，运动失调，瘫痪，头颈后扭，抽搐，脚爪出血。发病后 2～3 天，产蛋种鸡产蛋率下降，10 天内下降幅度最大，严重时下降到 0，多于 4～6 周后才恢复；正常情况下，产蛋下降的同时出现软壳蛋、劣质蛋、种蛋孵化率明显下降。

2. 剖检变化　主要是暴发性突然死亡和高死亡率，病变主要是坏死，严重涉及脑、皮肤及多个内脏器官外，一般都表现不同程度的充血、出血、渗出和坏死等变化。肺出血，喉头、气管血样分泌物；黏膜充血、出血，鼻窦炎，窦肿胀；腺胃黏膜、腺胃与肌胃交界处出血；小肠前段及泄殖腔黏膜出血，盲肠扁桃体出血；卵泡变性，膜充血、出血，肉垂水肿等。

3. 诊断　该病诊断通过流行情况，症状与病理剖检，可初步诊断,确诊须进行荧光PCR实验或病毒分离鉴定。需与鸡新城疫、传染性支气管炎等区别。

4. 防治　该病防治以综合性防治措施为主结合免疫注射。

(1) 综合性防治措施　严防从疫情国家、地区引进鸡只;对可疑的鸡群,要及早确诊,确定血清亚型、毒力和致病性。划定疫区,严格封锁,扑杀所有感染鸡只,严格消毒;对血清学阳性的鸡场加强监测,以免疫情扩散;平时养鸡场须要严格执行卫生防疫制度,加强饲养管理,不从疫区种鸡场引进鸡,外来人员、车辆不得进场,饲养人员不得串栋,外出车辆、用具、人员回场前严格消毒,饲养员入舍前洗手、洗澡、更衣及脚趟消毒池等;加强生物安全管理,粪便必须经发酵处理后才可施用到田里去,商品肉鸡进鸡前,一定要做好鸡舍的清理消毒工作,至少有2~21天的闲置时间。

(2) 免疫防疫　目前有2类疫苗:

①禽流感灭活苗是控制本病的有效措施,在本病的流行季节,7日龄以前注射1次疫苗(半剂量)。但注意选用疫苗的毒株必须与当地流行的毒株亚型一致,所用疫苗必须有足够的抗原,疫苗没有分层现象等,否则免疫易失败;

②用重组禽痘病毒载体疫苗,此苗优点是重组体不产生AGP,不能检出沉淀抗体,使用后不影响鸡群的免疫监测和检疫。可用免疫程序:种鸡20~30日龄首免,剂量为0.3~0.5毫升;产蛋前120~140日龄二免,剂量0.5毫升,疫苗保护期一般可达3~5个月。肉仔鸡在7日龄前皮下或肌内注射1次疫苗(半剂量)0.2~0.4毫升。

5. 治疗　对患病鸡只如要治疗,利用新城疫Clone30、克隆I系、N_{79}、Lasota等紧急接种。一方面防止禽流感后继发新城疫,另一方面NDV对禽流感有干扰作用。可用清热解毒类中药,复方病毒唑或金刚烷胺类药,连用5~7天。如呼吸道症状严重,同时用止咳平喘类药。在发病期间至少连续消毒7天以上,每天

1~2次，要用刺激性小的消毒药。可用哈尔滨兽医研究所研制成的禽流感高免球蛋白进行特定亚型禽流感的紧急预防和治疗。该制品由非免疫鸡制备，杜绝了某些疫病垂直传播的危险，只含有抗禽流感病毒的高免球蛋白，不影响其他各种疫苗的使用，不含任何防腐剂，易吸收。雏鸡颈部皮下1/3处注射0.5毫升，成鸡胸部肌内注射1毫升即可。

四、鸡传染性法氏囊病

鸡传染性法氏囊病（IBD）主要是由传染性法氏囊病毒（IBDV）引起的以法氏囊（腔上囊）为主的一系列变化，各种年龄鸡都可发病，多以2~10周龄，尤其3~6周龄鸡最易感，病鸡是主要传染源，接触传播，感染途径是消化道和呼吸道。易感鸡群，发病率高达100%，病死率为10%~30%，超强毒达50%以上。发病后第3天开始死亡，5~7天达高峰，之后开始下降。但有报道，近几年该病流行发生了变化，发病日龄明显变宽，病程延长，临床症状及病理变化不典型，出现亚临床型，免疫鸡群仍然发病，并发症、继发症明显增多等等，造成间接损失增大，给养鸡业构成巨大的威胁。

1. 临床症状　易感鸡群，发病突然，潜伏期短，感染后2~3天出现临床症状。早期症状之一是啄自己的泄殖腔，发病后下痢，排浅白色或淡绿色稀粪，排泄物中有尿酸盐，肛门周围羽毛被粪污染。体温正常，精神沉郁，垂头，眼睑闭合，羽毛无光泽、蓬松，鸡只因脱水，极度衰竭而死。发病特点：突然发病，感染率高，尖峰死亡曲线，迅速康复，健壮鸡易死。

2. 剖检变化　死于感染的鸡极度脱水，胸肌发暗，股部外侧肌肉和胸肌有对称性出血斑点，肠道内黏液增加，肾肿大、苍白，有尿酸盐沉积。法氏囊肿大或萎缩，前4天肿大，5天后逐渐萎缩，有的出血，有的有淡黄色胶胨样渗出液。萎缩后内有干酪样物。超强毒株，呈严重的紫葡萄状。变异株，最初肿大，胶胨渗出不明显，只萎缩，常有坏死灶，黏膜表面有点状出血。脾有灰白色的小坏死点,腺胃与肌胃交界处黏膜有出血点,有的肾脏肿大呈花斑肾。

3. 诊断　根据流行特点、临床症状以及病理剖检,基本可以诊断。有时症状不典型,不易确诊,须要进行实验室的病原分离鉴定以及血清学检查。

4. 防治　该病无特效的治疗药物,一般实施综合性防治措施,免疫接种是控制IBD的主要方法。

改善饲养管理环境,冬日提高育雏舍温度2℃~3℃,饮水中加入5%糖或0.1%盐,尽量减少或消除各种应激等。实施严格消毒。对病鸡和发病鸡群实施紧急防治,可用中等毒力苗加倍肌内注射或饮水;发病早期,用IBDV高免血清0.2~0.3毫升/只,肌内注射或高免卵黄抗体1毫升/只注射,降低饲料中蛋白含量到15%,提高维生素含量等等,都可缓解或控制疫情进一步扩大。

免疫接种:制定适宜的免疫程序。在制定免疫程序时应根据鸡群的抗体水平、品种、日龄等进行。可用琼脂扩散法,按0.5%比例随机抽采血样测鸡群抗体水平,根据鸡群阳性率比例,来确定免疫时间。如无法进行抗体测定,应根据具体情况而定。如果种鸡未做灭活苗免疫,也未感染过IBDV,其所产种蛋孵化出的雏鸡,首免在10~18日龄,间隔10天后二免;种鸡免疫过IBD灭活苗或患IBD后产的种蛋孵出的雏鸡,首免时间21~24日龄,间隔10天后进行二次免疫。种鸡应在18~20周龄和40~42周龄注射灭活苗以提高雏鸡的母源抗体水平。

5. 治疗　虽说该病无特效药物进行治疗,但可根据病症过程,对症下药,以缓解病情,减少死亡。

(1) 使用高免血清或高免卵黄抗体;

(2) 可饮盐水以补充体液,防止脱水;

(3) 饲料中添加抗生素防止继发感染;

(4) 中药治疗:熏烟剂(艾叶、蒲公英、苍术、荆芥、防风各等份），用法用量，按鸡舍每立方米给药为150克，各药混匀后，做成药团，密闭鸡舍，大面积点燃，持续熏1小时，打开通风，每天1剂，连熏2~3天。消法灵，煎汤让鸡自由饮服，每日2次，疗效甚好；囊毒清、囊复灵等等，根据实际情况，可适当选用。

第三节 肉鸡细菌性疫病的防治

一、鸡大肠杆菌病

鸡大肠杆菌病是由不同血清型的致病性大肠杆菌引起的鸡急性或慢性疫病的总称。是一种比较常见的条件性疫病，环境的好坏直接影响该病的发生频率。每年在多雨、闷热、潮湿季节多发。在通风不良、卫生条件差、密度过大，以及鸡群感染新城疫病、鸡传染性法氏囊病和患有慢性呼吸道疫病时，常常成为引起本病的主要诱因。

该病的病型复杂，以败血症、腹膜炎、输卵管炎、脐炎、肠炎、眼球炎、气囊炎、大肠杆菌性肉芽肿以及关节炎等发生多，也有引发脑炎的报道。危害较大的是败血症，慢性经过可导致气管炎、肝周炎、心包炎为主的病变。可发生于各种日龄的不同品种鸡，发病率、死亡率依卫生环境条件、防治技术等而有不同，一般1%~20%不等，雏鸡最易感，发病率可达30%~60%，病死率达100%。感染途径为口、呼吸道、种蛋、蛋壳等。一般是在温度骤变、低温、高热，营养不平衡（尤其是维生素A缺乏），空气过于干燥，有害气体、尘埃浓度过高，可诱发此病。

1. 临床症状

（1）脐炎 雏鸡脐部因受大肠杆菌感染而发病。感染可发生在蛋内，也可发生于孵化后。种蛋如感染孵化率降低，鸡胚在孵化后期或临出壳前死亡，死胚卵黄囊内容物变为黄绿色黏稠物或干酪样，未死鸡胚出壳后为弱雏，表现衰弱喜挤堆，常突然死亡。腹部膨大，脐孔不闭合，周围皮肤呈褐色，有刺激性恶臭，多在出壳后 2~3 日内发生败血症死亡，死亡率高，耐过鸡由于卵黄吸收不良而生长发育受阻。许多鸡胚在孵出前就死亡，特别是孵化后期。某些雏鸡是在孵出时或孵出后不久就死亡，且死亡一直延续 3 周。

(2) 急性败血症　本病型可发生于各种年龄鸡，以雏鸡多见，是大肠杆菌引起的急性全身性感染，病鸡表现为精神不振，体温升高，饮水增多，采食减少。有的腹泻，排绿白色稀粪，死前有神经症状，病程较短，一般 5~10 天。

2. 剖检变化　根据发生的年龄、侵害部位以及与其他疾病混合感染的情况，本病表现出不同病型。

(1) 脐炎　剖检病死鸡可见残余卵黄肿大，内容物变质，胆囊肿大，肝肿胀、质脆、有点状出血，肠黏膜充血或点片状出血。心外膜炎，肝周围炎，气囊增厚并附有干酪性渗出物。心包积水，输卵管内充满干酪样渗出物，肠道有过量的黏液。

(2) 急性败血症　剖检变化为心脏扩张、积血，心冠脂肪、心外膜有大小不等的出血点，肝呈灰绿或古铜绿色、质脆、有出血点，脾有出血点。病程稍长，可见浆液性纤维素性心包炎、纤维素性肝周炎及腹膜炎等。常见的有 O_1、O_2、O_5、O_{35}、O_{78} 等。

3. 防治　大肠杆菌对多种抗生素都敏感。但抗生素对本病的防治效果则是喜忧各半。因为大肠杆菌对一些药物易产生耐药性，而且耐药性在不断扩大。在选用药物时尽可能做药物敏感试验，选择敏感性强的药物连续使用 5~7 天，避免抗药性的产生。目前喹诺酮类药物比较有效。

(1) 实行综合防制措施　加强饲养管理，降低饲养密度，温度、湿度适宜，通风良好，严格执行消毒措施，定期灭蝇灭鼠，及时隔离淘汰病死鸡，防止饲料、饮水污染，种鸡推广无鱼粉、无动物性蛋白饲料，防止鸡传染性法氏囊、ND 等病毒病继发、并发感染。

（2）抗菌药物防治　应定期监测本场大肠杆菌对常用药物的敏感性，以期筛选理想药物，在育雏前投之以应急或进行疫苗接种。

（3）免疫　虽然大肠杆菌的血清型众多，但接种疫苗仍为防治本病的一种有效方法。目前较为有效的方法是从当地分离致病性大肠杆菌，鉴定血清型，培养灭活制成多价灭活苗，进行免疫接种。种鸡育成期6～10周龄、16～18周龄各接种一次，可提高孵化率及雏鸡成活率；雏鸡26～32日龄，颈背皮下注射0.5～1毫升，可增加饲料利用率，后期增重提前，成活率提高。

（4）中草药防治　常用的各种以清热解毒、活血化瘀为原则的组方，在生产实践中应用均取得良好的治疗效果。

而改善鸡舍及周围环境条件，加强饲养管理，改进防治措施，控制其他疫病的发生，更具有重要的意义。

二、鸡支原体病

慢性上呼吸道病是一种流行很广、带有季节性的传染病，也是一种接触性慢性上呼吸道感染的疫病。其病原体是鸡败血支原体。

1. 症状　病鸡表现在流浆液性鼻液、喘息且咳嗽，病鸡打呼噜，呼吸道有黏液病鸡常甩头。后期鼻腔和眶下窦中渗出物较多，用手按压黏液便从鼻孔中流出来，且眼中有泡沫样泪水。气管、气囊和肺有炎性变化，黏膜增厚，喉头或口腔内有程度不同的黄白色假膜。肺炎症状明显。

2. 预防与治疗　本病秋、冬季节易患，既可水平传染又可垂直传染，患后净化很困难。因此除加强饲养管理，注意通风换气外，还要进行疫苗接种。治疗时用链霉素效果最好，每只鸡肌内注射10万单位，连续注射7天效果明显。

第四节 肉鸡寄生虫疾病的防治

一、鸡球虫病

病鸡球虫病是雏鸡一种常见的严重的肠道寄生虫病。主要引起3月龄以内雏鸡发病，尤以15~45日龄的为严重。呈地方流行，春、夏季多发，急性时常造成大批死亡，中度感染常影响鸡的正常发育，导致对其他疾病抵抗力的降低。

本病主要特征是鸡只消瘦、贫血和血痢，病愈鸡生长发育受阻。成年鸡多为带虫者，增重和产蛋均受到一定影响。

病原是鸡艾美耳属球虫。柔嫩艾美耳球虫主要引起雏鸡发病，常寄生于雏鸡的盲肠，引起盲肠出血；大龄青年鸡和成年鸡球虫病主要是毒害艾美耳球虫。此外还有堆型、巨型、布氏艾美耳球虫，致病力中等。

球虫发育过程，主要是球虫卵囊随鸡粪排出。在外界经1~3天发育成具致病力的孢子卵囊。孢子卵囊进入鸡体后，被胃肠消化液溶解后子孢子游离出来进入肠壁上皮细胞进行发育，成熟为裂殖体，裂殖体经分裂成裂殖子，然后从被破坏的肠上皮细胞内逸出，再侵害新的上皮细胞，经几代裂殖后进入配子生殖，成为合子，合子外壁增厚，即卵囊，随粪便排出，重复以上过程。完成这一过程需4~10天。

1. 临床症状　雏鸡感染后呈急性经过，主要表现为食欲下降、羽毛松乱、精神不好、血痢。随后，病鸡营养不良、消瘦、贫血等。有的病鸡闭眼呆立，翅膀下垂，严重者轻度瘫痪和昏迷，甚至死亡。成年鸡多呈慢性经过，症状不明显，死亡率低，但影响其生长和产蛋量，并成为传染源。

2. 剖检变化　病变主要为鸡尸体消瘦，黏膜苍白，泄殖腔周围羽毛被血便污染；盲肠显著肿大，盲肠上皮增厚并有坏死灶，盲肠外观暗红，内充满暗红色或红色血凝块；肠黏膜有点状出血，肠壁浆膜面有针尖大小灰白色斑点。

3. 诊断　根据症状及肠道病变即可诊断。实验室诊断可刮取病鸡肠黏膜上皮组织，在显微镜下观察有无裂殖体、裂殖子及卵囊。

4. 防治　球虫的生活史有一部分在鸡体外发育，单靠药物治疗不可能控制球虫病的发生，必须采用综合性防治，才能控制本病的发生。

（1）严格执行饲养管理制度，做好环境卫生与消毒工作　由于球虫病主要是通过粪便污染环境而传播，所以搞好鸡场的环境卫生，及时清理粪便，注意鸡舍的消毒，鸡舍的干燥，饮水的卫生等非常重要；饲养人员固定，用具专用，在切断传染源方面发挥了重要作用；要注意合理搭配日粮，及时搞好分群工作，使饲养密度适宜。

（2）药物预防　在鸡未发病或个别鸡只发病时，应用预防剂量的药物，也有一定预防效果。但药物预防要注意药物的残留以及耐药性的产生。因而要制订科学的用药方案。

（3）免疫预防　使用抗球虫药尽管有效，但药物残留问题不易解决。而用疫苗进行免疫预防可能是肉仔鸡行业控制球虫病的理想选择。

目前，世界上已有多种疫苗问世，包括强毒株和弱毒株卵囊及基因工程苗。国内也有早熟弱毒株疫苗生产，使用效果较好。

5. 治疗

（1）抗球虫药　球虫药种类很多，包括磺胺喹唑啉、磺胺氯吡嗪、莫能菌素、呋喃西林、球痢灵等。不同药物对球虫不同发育阶段作用不同，有的是作用于感染后第1、第2天的球虫病，抗球虫作用较弱，常作预防应用，如喹唑啉类、氯羟吡啶、莫能菌素等。有的是作用于感染后第四天的药物，作用较强，常作治疗用，如磺胺类、尼卡巴嗪等。前者会影响机体免疫力，后者影响不大，要注意前者药物再使用时会因突然停药而暴发球虫病。

值得注意的是，为了保证食品安全，喹啉类、氯羟吡啶、磺胺类、呋喃类、尼卡巴嗪不能用于肉鸡。使用抗球虫药还要注意各药的停药期以及限制使用的对象，要避免耐药性的产生而采用间隔使用或轮换使用。

（2）中草药驱虫　中草药作为驱虫保健剂，其毒副作用和残留很小甚至没有。可调动鸡体抗球虫能力，增强抗病力，促进生长发育，且不会产生抗药性，是非常理想的驱虫药。

常用驱虫中草药及组分：苦参、仙鹤草、地榆、大蒜；青蒿、常山、地榆、白芍、茵陈、黄檗；鲜败酱草、蒲公英、五草汤等，在实际应用中效果显著。

也有将中草药与西药相结合，既发挥西药的疗效快，又解决耐药性及毒副作用，使用也更安全。如吴仕华用西药氨丙啉、克球粉、抗球王等以驱虫为主，配合用常山（60克）、连翘（40克）、柴胡（40克）、生石膏（10克）这些镇痛解痉、凉血止痢、升阳健脾胃等药，治愈率达87.8%～96.6%。

二、鸡黑头病

鸡黑头病又叫盲肠肝炎，是火鸡组织滴虫引起的鸡与火鸡的一种急性原虫病。该虫主要寄生于盲肠和肝脏，特征为盲肠发炎和肝脏表面有坏死性溃疡。该病多发于2周龄至4月龄幼鸡。成年鸡感染症状不明显，但成为传染源。该病常与鸡异刺线虫并发，鸡排出的异刺线虫卵是本病的主要传播媒介。

发病多在春末至初秋的暖热季节，常发于卫生条件不好的鸡场，饲料营养缺乏（尤其维生素A缺乏），可诱发本病。

1. 临床症状　病初精神委顿，食欲不振，两翅下垂，嗜睡，扎堆。下痢，粪便淡黄或淡绿，严重病例带血。病鸡头部皮肤呈暗黑色或蓝紫色，又称"黑头病"。不及时治疗，10天左右即死亡，死亡率达30%。

2. 剖检变化　主要在盲肠和肝脏，盲肠多一侧发生病变，盲肠肿大，肠壁增厚，内容物干燥坚实如干酪样，堵塞肠腔，似香肠样，有的盲肠壁有溃疡，发生穿孔，引起腹膜炎。肝脏肿大，表面有圆形或不规则形凹陷的坏死灶，中心淡黄色或黄绿色，周围有灰色辐射状条纹，稍隆起构成组织滴虫特征性病变，有的散在，也有融合成片的。

3. 诊断　根据症状和肝脏、盲肠的特征病变即可诊断。实验室诊断取病鸡盲肠内容物镜检，如看到活动的原虫，做钟摆样往返运动，即可确诊。

4. 防治　本病防治基本与球虫病相同，鸡群要定期进行驱虫。若发病立即隔离治疗，重者淘汰，鸡舍用2％苛性钠消毒。治疗可用呋喃唑酮，拌饲（0.03％～0.04％），连用7～10天；也可用二甲基-5-硝基咪唑，0.06％～0.08％拌饲，连用7天。

第五节　肉鸡其他疫病的防治

一、肉鸡腹水综合征

该病是以肉鸡腹腔大量积聚过多的浆液性液体为特征，伴有右心扩张肥大、肺瘀血水肿和肝硬化，无传染性，发病率与死亡率均较高，是当今危害肉鸡业的最重要的新病之一。

腹水综合征的发生有较明显的季节性，冬季寒冷季节发病率高，死亡率也高。主要危害快速生长的4～6周龄幼龄仔鸡，以3～5周龄多发。发病原因主要是肉鸡快速生长，机体本身功能适应不了，饲料中有毒物质存在，食盐含量过高，维生素E和硒缺乏，加上鸡舍饲养密度大，通风换气不好，空气中氧含量降低，氨气和灰尘含量增高，导致肺脏受损，循环、呼吸系统功能障碍，从而引发腹水征。

1. 临床症状　发病鸡表现精神不振，食欲下降，体重减弱。典型症状是病鸡腹部膨大，腹部皮肤变薄发亮，触压有波动感，以腹部着地，喜卧，走路似企鹅状。体温正常。严重呼吸急促，心跳加快，一般在出现腹水后1～2天发生死亡。

2. 剖检变化　剖检可见体表血管扩张，充血，腹腔内含有大量的淡黄色透明液体，含有大小不等的半透明胨状物。心脏肿大，右心扩张，柔软，心包积液。肝充血、肿大，有的发生萎缩硬化。脾脏缩小。肾充血、肿大，有尿酸盐沉积。肠充血。

3. 预防　改善饲养管理及环境条件，防止拥挤，保证鸡舍内空气新鲜。要及时更换垫草，保持鸡舍干燥。从3周龄后，适当降低营养水平，进行限饲计划，可隔日限饲。日粮中补充维生素C、维生素E、硒和磷，减少油脂含量，食盐含量要适当。选育对缺氧和腹水症有一定耐受力的优良肉鸡品种。

4. 治疗　该病治疗一般采用对症治疗，可用利尿药、健脾利水药、助消化药，也可在饲料中添加维生素C和维生素E、补硒、补抗生素和磺胺类药，均可减少发病率。现有用各种中药来治疗的，如以温补脾阳、燥湿利水为治则；以理气健脾、利水除湿为治则；以舒肝理肺、利水解毒为治则；以治心肺气虚型为主的"黄芪汤"加减；以治脾肾阳虚型为主的附子理中汤和真武汤加减，以治肝郁血瘀型为主的逍遥散和血府逐瘀汤加减的中药治疗，以及利水通淋、调节水盐代谢为治则的中西药结合等，在临床应用效果不错。

二、肉鸡猝死综合征

肉仔鸡猝死综合征又称虹死症、急性死亡综合征，目前是肉鸡生产危害最严重的新病之一。发病日龄多为8～21日龄，几乎每天都有突然死亡的雏鸡，死亡率0.5%～1%。

1. 临床症状　病程短，发病前没有任何异样。发病鸡以肌肉丰满、外观个体大的鸡突然死亡为特征。死亡鸡体重多超出日龄相应群体的标准体重。发病前采食、活动、饮水、呼吸等均正常。个别鸡发病前较安静，采食量略有降低。常在饲养员进舍喂料时，个别鸡只失控，急剧扇动翅膀或离地跳起，从发病到死亡持续时间约1分钟，死后两脚朝天呈仰卧或俯卧式，颈部扭曲，肌肉痉挛。有的鸡只狂叫或尖叫。

2. 剖检变化 剖检可见，外观个大、健壮、肌肉丰满，除鸡冠、肉垂略潮红外无其他症状。嗉囊和肌胃有刚进食的饲料，心房扩张，心脏较正常鸡大，心肌松软，肝脏略大、质脆、苍白，肺淤血，胸肌、腹肌湿润、苍白。

该病发生与饲养管理，如营养、光照、防疫、饲养、密度、应激反应、鸡品种及个体发育直接有关。一是肉仔鸡生长速度和增重过快，使自身一些系统功能跟不上其发展速度。二是饲料中蛋白质和脂肪过高，维生素与矿物质搭配不合理，以及2～3周龄内采食量大而对鸡只不进行限饲，超量营养进入体内造成营养过剩，呼吸加快，心脏负担加重，供氧不足。三是刚引进雏鸡后育雏室窗户没有遮挡，光线强烈，2～3周时光照强度过高，夜间光照不受控制。饲养密度大，温度高，湿度大，有害气体不能排出，造成严重的内源性应激，使心脏代偿性舒缩失调，造成猝死。四是刮粪声、上料、上水以及饲养人员的鲜艳衣服等均可引起鸡群强烈的应激反应，心脏受到血流的猛烈冲击，发生心肌骤缩造成猝死。

3. 诊断 根据病程短，仅数秒到几分钟，病死鸡皮肤发白，肌肉丰满个体大，嗉囊和肌胃内有刚吃进的饲料，死后呈仰姿势，仅肺淤血、心脏扩大、心肌松软，有明显的循环障碍（超量血凝块）等，即可与中毒病、传染病区别开。

4. 预防

(1) 饲养人员要固定并穿工作服进鸡舍；

(2) 免疫接种要轻抓轻放，尽量减少应激；

(3) 从第2周开始不能任其自由采集，要限饲，但限食时间不能过长；

(4) 改变全光照及光照过强的做法。控制光照，0～3周为12～16小时；22～24日龄光照18小时；42日龄后每天光照20小时。光照强度控制在0.5～2勒克斯之间，控制光照一般在夜间零点前后，切忌随意关灯；

(5) 从第 2～3 周开始,适当降低饲料中蛋白质含量,以 19%～20%为宜。饲料中矿物质、多种维生素含量要充足,脂肪含量不宜过高,用植物油代替动物脂肪;

(6) 10～20 日龄左右,全群投入 0.62 克/只的碳酸氢钾进行饮水,或饲料中拌入 3.6 千克/吨的 $KHCO_3$ 来预防。

5. 治疗

(1) 碳酸氢钾($KHCO_3$)饮水或拌料,饮水每只 0.62 克,连饮 3 天。拌料每吨饲料添加 3.6 千克,效果较好;

(2) 添加多种维生素,为常量的 1～2 倍;

(3) 发现有拍打翅膀、挣扎或异常的鸡,马上取出捏紧嘴,停一会儿可抢救过来。有条件的可服一粒救心丸;

(4) 改喂营养水平低的饲料,改颗粒料为相同成分粉状料,减少饲料中热能,提高饲料中生物素含量。

参考文献

[1] 郝正里,王小阳. 鸡饲料科学配制与应用 [M]. 金盾出版社

[2] 高翔. 畜禽无公害高效养殖实用新技术 [M]. 中国农业出版社

[3] 全国三绿工程工作办公室. 安全优质肉鸡的生产与加工 [M]. 中国农业出版社

[4] 黄仁录,李新民. 肉鸡无公害标准化养殖技术 [M]. 河北科学技术出版社

[5] 管镇. 怎样提高养肉鸡效益 [M]. 金盾出版社